真正
用得到！

基礎縫紉書

一 生 使 え る お さ い ほ う の 基 本

裁縫，是最幸福的時光

縫補掉落的鈕扣、修改過長的褲腳，

在日常生活中，其實有許多需要用到縫紉的機會。

儘管如此，多數人仍對針線活並不拿手。

可能覺得麻煩或因笨手笨腳失敗過，漸漸地便敬而遠之。

然而，

縫補鈕扣或修改褲腳並不困難，

只要掌握一些訣竅，就能修補得牢固又漂亮。

懷抱著對事物珍惜的心，

也會更加努力地縫補衣物或布包的破損。

如果你還學會刺繡，
甚至是製作托特包、口金包，
相信每天的生活樂趣，一定會增添不少。
假如這本書，能讓你慢慢喜歡上裁縫，
體會到使用針線時的幸福，那就太令人開心了。
在這樣的期盼下，我們完成了這本書。

可以的話，
願這本書能長久陪伴在你身邊。

羽田美香＊加藤優香

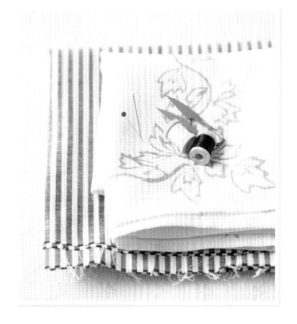

第 3 章

第 4 章

第 1 章

裁縫的基礎知識

不論是手縫或機縫，
若你正要開始學習裁縫，
請先好好認識縫紉的基本用具及熟習布料的基礎知識，
並記住著手裁縫前，必備的準備工作。

材料與工具

動手裁縫前需要準備的材料，包含基本工具、縫線或布料等，都會在下面逐一介紹說明。

關於工具　除了縫紉必備的針線，還有製作紙型、裁布等會用到的各式工具。

❋ 手縫使用的線與工具

手縫線

為了方便手縫，縫線是以順時針螺旋的方式製成，大多會以捲繞在紙板上的方式販售。有分成各種粗細和材質（請參考 p.14）。縫線顏色可依據搭配布料的顏色來作挑選。

手縫針

頂端有穿線的孔。依長度、粗細和針孔大小有不同的款式，可依其搭配的縫線和布料作選擇（請參考 p.14）。縫紉細部範圍時適合用短針，較大的縫紉區域則適合長針。

頂針

讓推針更方便的環圈。手縫時因需施力壓針頭，可以套在拿針那手的中指上，減少手指負擔。分成皮革製和金屬製，布料材質較厚、針不易穿過時，建議使用金屬製的頂針（使用方法請參考 p.26）。

❋ 機縫使用的線與工具

車針

安裝在縫紉機上專用的針，針頭上沒有穿線孔。圖片右側為家用式縫紉機的針，其中一頭是扁平的圓錐形。圖片左側則是工業用縫紉機的針，呈圓形狀。針的粗細各有不同，可搭配布料使用（請參考 p.14）。

機縫線

為了方便安裝在縫紉機上，多以線軸捲繞。和手縫線相反，是以逆時針螺旋方式製成。一般都是聚酯纖維等合成纖維的材質，使用上很方便。另外，也有針織布料或特殊布料專用的線（請參考 p.14）。

❖ 通用的工具

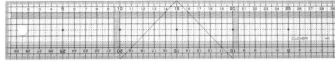

消失筆

能在布面上做記號的筆。畫紙型於布上、描繪刺繡的草圖時皆可使用。分成噴水就能讓筆跡消失的水性消失筆，及經過一段時間，記號會自然消失的氣消筆（使用方法請參考 p.17）。

方格尺

印有方格格線的尺。能準確畫出平行線，在畫縫份線時非常方便。若方格尺的單側為金屬邊，可與輪刀（請參考 p.19）一起使用。一般常用的長度為 30cm-50cm（使用方法請參考 p.17）。

捲尺

用來丈量尺寸。直尺不夠測量的長度，或袖口等曲線範圍，可使用捲尺測量。選擇刻度明顯的捲尺為佳。

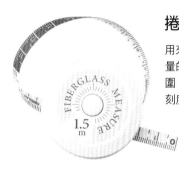

珠針

縫紉時用來固定，讓重疊的布片或紙型不會偏離的針。厚布建議選擇專用長針，其他布料使用一般長度即可。若布需以熨斗整燙，建議選擇珠針頭為耐熱材質的，較為方便（正確的固定方法請參考 p.28）。

針包

用來暫時放置針或珠針的布墊，也稱為針插。挑選針不會陷進去的款式較好拿取，利用磁力將針吸附的磁針盒也很受歡迎。

拆線器

縫製錯誤時，用來切斷接縫的工具。很適合用來剪剪刀難剪的鈕扣縫線，或拆掉細微部分的縫線（方法請參考 p.55）。

錐子

在布面上打洞的工具。對摺布時，也可以用它拉出漂亮的邊角，或在車縫細部時壓住布面。

疏縫線

用於疏縫（暫時固定布料），搓捻方式很鬆的線。大部分都以圖片上「一束一束」的方式販售。常用的原色疏縫線即為「純棉線」（疏縫方法請參考 p.36）。

布剪

裁剪布料專用剪刀，以 9 吋 -12 吋的大小最方便使用。如果拿去剪紙會影響裁布的銳利度，所以和剪紙型等材料的剪刀要分開（使用方法請參考 p.19）。

線剪

剪刀的刀刃前端細且銳利，剪線非常方便，也適合用於剪牙口等精細工作。建議選擇刀刃前端能確實密合、銳利度佳的線剪。

關於布料

布行總有琳瑯滿目的布料，光是棉布就能依織法、厚度，分為各式各樣的款式。下面就要為各位解說布料的基礎知識，及不同布料的特徵。

❋ 布的布紋與布邊

布料上的織線分為縱向和橫向。縱向為直布紋（經紗），橫向為橫布紋（緯紗）。如果布紋歪斜，或是縫合布紋相反的布，成品就容易變形。在排版圖或紙型上，都會標示縱向方向的箭頭符號，需特別注意。布的兩端即為「布邊」，使用時通常會裁掉。

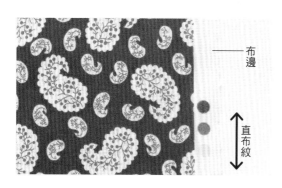

布邊

直布紋

❋ 布的幅寬

一般尺寸大約是 90cm 至 120cm，最常見的寬度為 112cm。裝潢用的布料也有 150cm 的雙幅寬（對摺後再測量）。若是購買的布寬和排版圖不同，用布量就會不一樣，因此購買時要仔細確認。

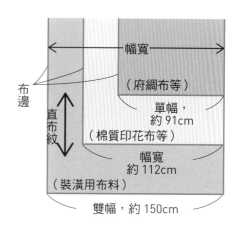

幅寬（府綢布等）

布邊

直布紋

單幅，約 91cm（棉質印花布等）

幅寬約 112cm（裝潢用布料）

雙幅，約 150cm

❋ 分辨布料正反面的方法

分不清楚布料的正反面時，可以察看一下橫布紋。通常有像針刺過的小孔，凹下去的那面是正面，突起的那面則是反面。

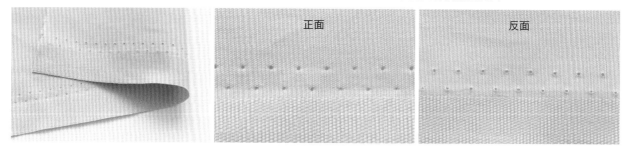

正面

反面

❋ 布的編織與染色

布的織法大致分為平紋織和斜紋織，經紗和緯紗以奇、偶方式交錯，維持在同一平面，稱為平紋織，若圖騰往一個方向傾斜，出現斜線的織法，則是斜紋織。染色的方式有於織線階段染色的先染布，及編織後才染色的後染布。

〈平紋織／先染布〉

〈斜紋織／先染布〉

〈平紋織／後染布〉

❋ 常見布料的種類與特徵

〈 普通厚度 〉

細棉布

以支數高的細棉紗編織而成，質地薄透的平紋織布料。韌性高，適合作衣物。

胚布

未經漂白或染整，觸感粗糙的棉質平紋織布料。可用於假縫或當作布襯使用。

府綢布

具代表性的棉質平紋織布料，織紋細密且帶有光澤，能漂亮地呈現印花圖樣。

牛津布

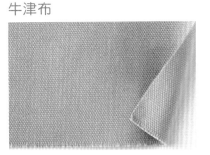

經緯各以兩條紗線交錯編織，並以平紋織法製成的布料。透氣性佳，適合製作襯衫，材質有厚與薄之分。

粗斜紋布、水手布

由白紗和色紗斜紋編成的丹寧風布料，現在也有許多採平紋織法的種類。若質地更薄、更柔軟的則是水手布。

棉蕾絲布

在棉布上刺繡或做鏤空剪裁的布料。大部分的布邊會呈現波浪線條。

人字紋布

英文名稱為魚骨紋布，日文則稱為杉綾織布，指圖樣編織得像是杉葉尖端或魚骨的直條紋布料。

斜紋布（twill）

用斜紋織法製成的布料。質地柔軟、帶有光澤，而且不容易產生皺摺。

棉麻布

棉與麻混紡而成的布料，比棉布更具延展性，又不像麻布容易起皺摺，是結合兩者優點的布料。

麻布

材質堅韌、具透氣性、觸感舒適但容易出現皺摺，也因為會縮水，在剪裁前需先下水預縮（方法請參考 p.15）。

蜂巢布

以平紋織法織成，表面有凹凸紋理、圖樣像鬆餅般的立體格狀布料。

〈 薄材質 〉

雙層紗

以雙層織法製成的棉紗。質地柔軟具保溫性。但容易縮水，縫製前需先下水預縮。

歐根紗

非常輕薄的平紋織布料。透明的質感相當漂亮，有棉、蠶絲或化學纖維等材質。

緞面布

帶有光澤，觸感光滑的布，也稱「緞織布」。有各式材質，圖中布料為棉質。

人造纖維內襯布

重疊在表布上作「內襯」、「內裡」使用的極薄布料，可再依用途選擇不同厚度、觸感的材質。

〈 厚材質 〉

刷毛布

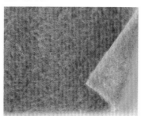

經過刷毛處理的人造纖維或羊毛纖維，保溫性高。由於價格便宜，也不需包布邊處理，很受製衣者愛戴。

法蘭絨

將羊毛、人造纖維、棉等材質織品刷毛而成的布料，質地溫暖，觸感也很舒服。

帆布

用在船帆上、紮實耐用的布料。厚度以號碼表示，8-10號的布較好縫。

羊毛布

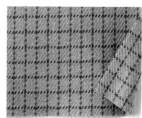

羊毛織品。上圖為以粗鬆的毛線讓表面呈現刷毛凹凸感的布料，又稱為「斜紋軟呢（tweed）」。

壓棉布

在兩片布之間放入棉襯，加以縫合而成的布料。質地柔軟，保溫性高。

牛仔布

使用色紗和白紗以斜紋織法製成的棉質布料。厚度計量單位為盎司。選擇家用縫紉機可以縫的厚度為佳。

Column 　適合初學者的布料

選擇棉、棉麻或人造纖維混紡的材質，厚度普通或偏厚的平紋織布料會比較好縫。太薄或太厚的布、有彈性的布、容易綻線的布、有凹凸紋理的布等，都不太適合初學者使用。另外，選擇素面或圖樣細小的款式會比較好上手。大型圖樣或是圖樣朝同一方向的布料，縫製時必須準確對齊，難度較高。

〈 特殊材質 〉

毛氈布

不織布,將羊毛壓縮製成的布料。由於不會綻線和有鬚邊,因此不需縫布邊。

彈性布

具伸縮性的布料,縫製時需用專門的線較不易斷裂。建議以縫紉機的細針距鋸齒縫(zigzag)或拷克機包邊。

針織布

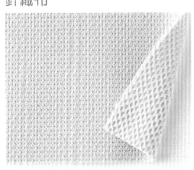

具有伸縮性、質地較厚的布料。用途相當廣泛,使用的縫線和包布邊方法與彈性布相同。

絲絨布

觸感類似絲般,光滑又柔軟的毛織品。也有高級的天鵝絨,但縫製難度較高,較適合縫紉技巧高的人。

緹花布

用染好不同顏色的緯紗,織出花樣的布料,適合用來製作正式服裝或家飾品。

塑膠防水布

在單面有防潑水加工處理的布料。適合製作午餐袋等,但布面不易往前推移,因此較難機縫。

Column　購買布料時的注意事項

- 考慮到布料的縮水性或圖樣需對齊的情況,建議購買量要比用量再多一些。布料常會有缺貨或停產的情形,尤其是特殊圖樣的布料,多買一些比較保險。
- 布料需不需要先下水、會不會掉色等,都要記得事先詢問店家。即便是在網路商店購買,也最好先寫信或傳訊息詢問清楚。
- 雖然在網路商店也能購買布料,但還是建議初學者前往有專業人士可以詢問的布行購買。

挑選適合的布料與針線

手縫和機縫都有專用的針和縫線。不論是針或線，又會再分不同的粗細度，必須依照使用的布料厚度和材質挑選。

❋ 手縫線與機縫線

手縫線

縫線的數字越大線越細。普通手縫以聚酯纖維製成的 40 號線、50 號線為佳。縫鈕扣時則建議選擇強度高的 20 號線。再根據布料厚度、用途以單線縫與雙線縫製作。如果是疏縫，則選擇專用的疏縫線（請參考 p.36）。

機縫線

在縫製棉布或人造纖維布等布料時所用的縫線。普通厚度適合用 60 號線，帆布或牛仔布等厚料布用 30 號線，薄料布則建議使用 90 號線。

機縫線・針織用

具彈性的縫線。很適合用於縫製針織布、彈性布或平紋針織布等伸縮性高的材質時使用。

❋ 手縫針與車針

手縫針

普通厚度、具彈性的布料建議用 7 號、8 號縫針，厚料布使用較粗的 4 號、5 號、6 號縫針。若是薄料布，則適合 8 號的壓線用研磨細針。手縫針最好和頂針搭配使用，較不易受傷。

車針

普通厚度適合用 11 號針，厚料布適合 14 號針，薄料布則用 9 號針為佳。塑膠防水布等加工布，如果厚度一般，同樣用 11 號針就 OK。

手縫線與機縫線的不同

手縫線
右捻（S 捻）線

車線
左捻（Z 捻）線

手縫線與車縫線的「搓捻」方向是相反的。手縫線是以右手拿針時比較好縫的右捻方向製成，車縫線則是以不容易捲纏在車縫針上的左捻方向製成。

開始縫紉前的準備

動手做布製小物前，先學會布紋、製作紙型、在布料上做記號等前置作業，製作過程才能事半功倍！

布料的事前處理

剛買回來的布料，經紗和緯紗多會有些偏斜，如果不先整理好，成品形狀會容易變形。若布料有初次水洗易縮水的特性，也要先「下水預縮」再開始縫製。

❈ 整理布紋

先抽出 1 根橫向的緯紗，讓緯紗的線條出現，稱為「布紋線」，將線條調整到與未裁切的布邊垂直，就能調正布料的偏斜處。

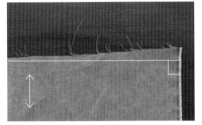

1 布的裁切線條明顯偏斜。

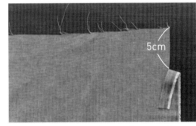

2 在距離布邊內側約 1cm 處，平行布邊剪開約 5cm。

3 先抽出幾條經紗，讓布邊出現鬚邊。

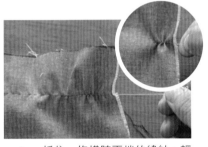

4 抓住一條橫跨兩端的緯紗，輕輕拉出，注意不要讓線斷掉。

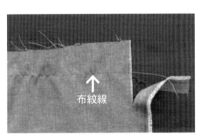

5 一面搓布一面抽出線，拉到最後布面上會出現一條布紋線。

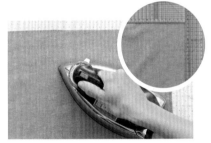

6 沿著布紋線剪裁布料，讓裁切線和布邊垂直，再以熨斗整理熨燙。

❈ 下水預縮

麻、紗、粗棉布等第一次碰水就容易縮水的布料，以及表面上漿、容易掉色的布料，都要事先下水再開始縫製。購買布料時，最好先向店家確認是否需要先下水預縮。

1 完成上述整理布紋的前 5 個步驟後，將布料完全放入裝滿水的臉盆或洗手台內浸泡。若是有上漿的布料，就需浸泡更長時間。

2 取出布料，將皺紋拉平，放在陽光不會直射處晾乾。半乾時再收進來完成整理布紋的步驟 6。

紙型與分版圖

完成布料的準備工作後，在裁布前還要先確認分版圖。
打版時，若有原寸紙型或實際尺寸說明，只需要在布面上畫線、做記號，
再搭配方格尺準確測量，即可輕鬆完成分版圖，非常方便。

・單位是cm　　・（）內是縫份，若無標記則為1cm　　　・■表示需貼布襯

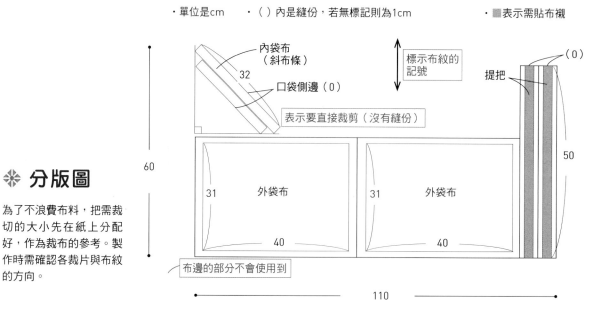

❈ 分版圖

為了不浪費布料，把需裁切的大小先在紙上分配好，作為裁布的參考。製作時需確認各裁片與布紋的方向。

❈ 紙型

・沿著周圍往外畫1cm即為縫份
・■表示需要貼布襯

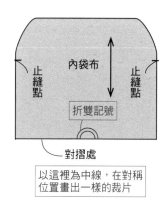

將紙型描繪在紙上，剪下來後重疊在布面上，畫出線條。形狀相同的裁片，使用同1張紙型即可。實物大小的紙型可以直接描繪，如果需要放大，再依照指定比例繪製。除了輪廓線條外，記號或文字也都要描寫在布上。

❈ 尺寸圖

・單位是cm　　・縫份是1cm

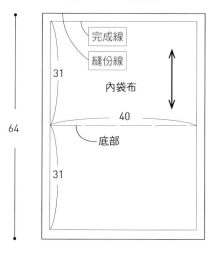

內側的線是完成線（縫紉的位置），外側的線是縫份線（裁剪的位置）。在布面上直接畫出這個圖上的線條即可。

❉ 現成紙型的運用

有實物大小的紙型時，將紙型描繪在半透明的描圖紙上，剪下後即可貼到布面上描繪。

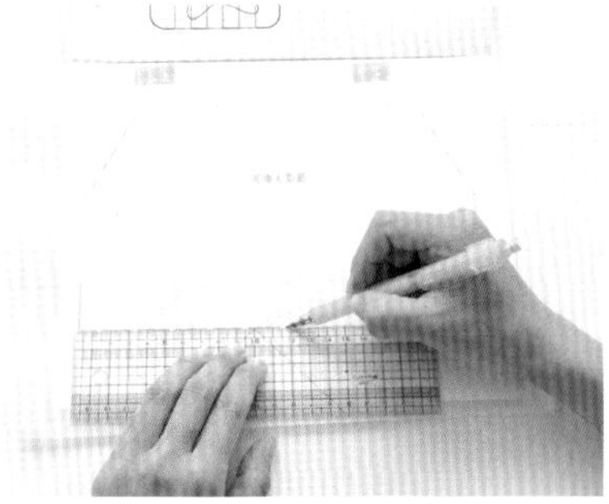

1 將描圖紙或其他半透明紙張放在紙型上，以易撕的膠帶固定，再用鉛筆照著描出線條。

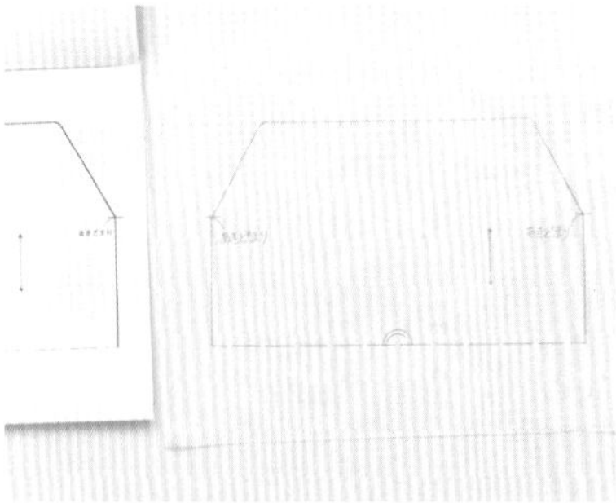

2 圖為描畫好的部分。止縫點等所有記號皆要畫上去。

3 沿著紙型的線條剪下紙張。圖為剪裁好的紙片。

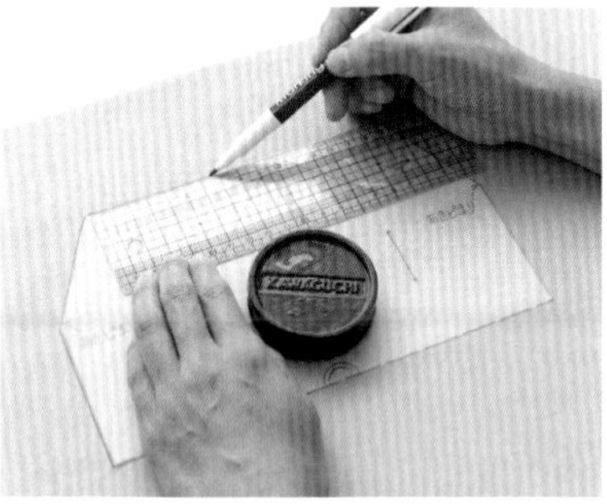

4 參考分版圖，在布的反面放上紙型，用紙鎮等壓住紙型後，再以消失筆描畫。

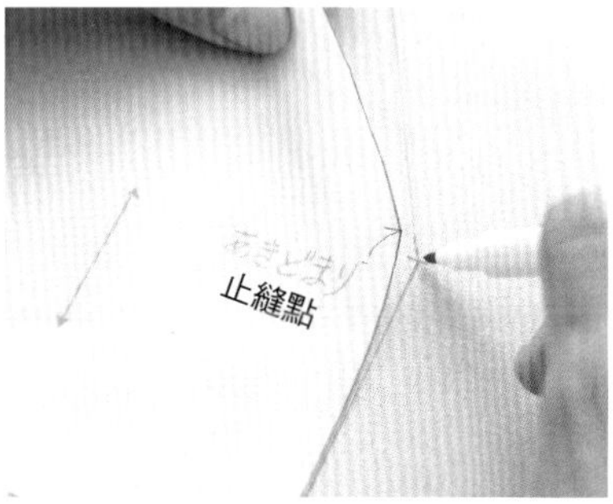

5 止縫點等必要的記號，也全部都要畫上去。

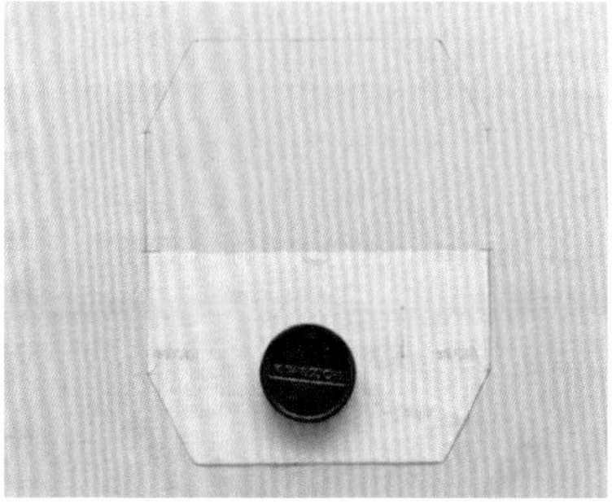

6 紙型上有「折雙」的記號時，需將紙型倒過來，在對稱的另一邊描畫出相同的紙型。

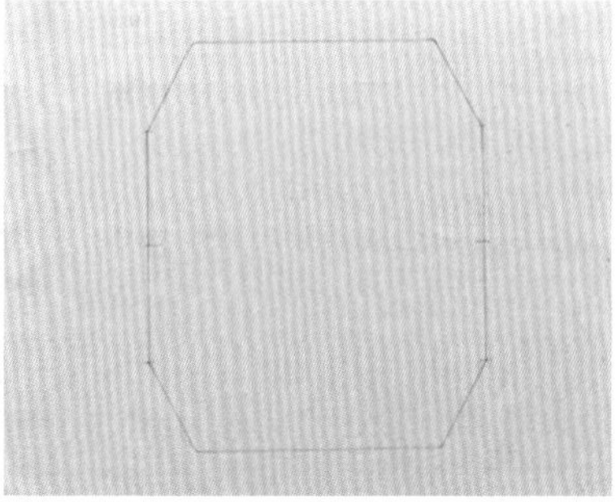

7 圖為描繪完成的部分。

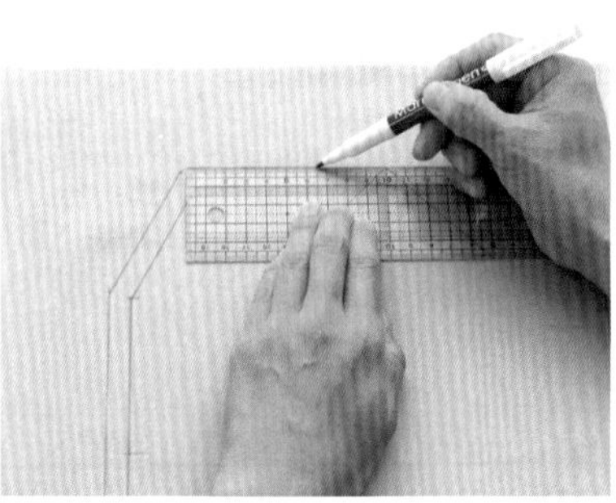

8 外側依照指定尺寸畫出縫份線，建議使用方格尺。

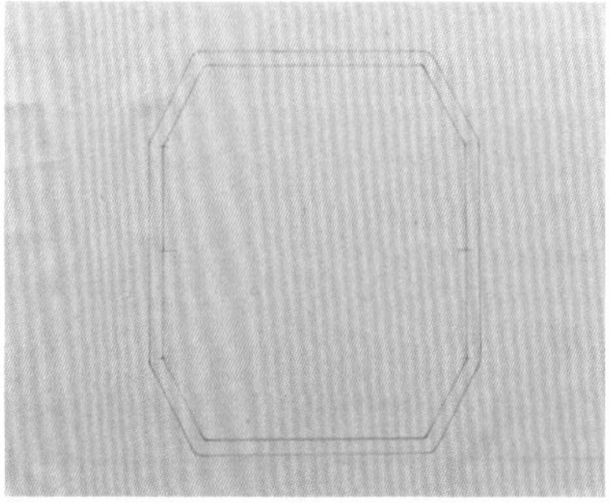

9 圖為完成的部分。

❈ 自己製作紙型

如果沒有提供實際紙型，但知道確切尺寸時，可以直接在布面上畫線製圖。

1 參考分版圖，在指定位置用方格尺依尺寸畫直線。先描繪單邊縫份線，並注意縫份線需與經紗平行。

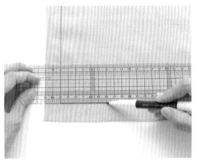

2 方格尺與步驟 1 的線條垂直，描畫出下端的線條。

3 尺與步驟 1 線條垂直，與步驟 2 線條平行並畫出縫份線。

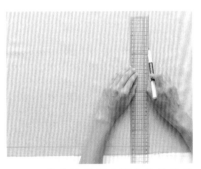

4 將方格尺與步驟 2 的線條垂直，畫出與步驟 1 線條平行的另一條縫份線。

5 圖為完成後的縫份線！

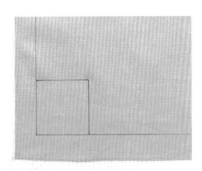

6 描畫其他指定尺寸。

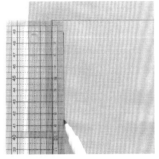

7 描繪內側的完成線。使用方格尺，描繪的線條要縫份線平行。

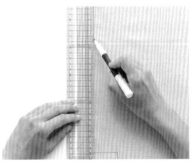

8 標記止縫點等所有記號。

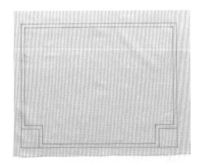

9 紙型的裁線完成。

裁布

在布上畫完所有紙型後，接下來就可以使用布剪來裁布！
小心沿著縫份線準確裁剪，避免裁歪，之後的縫合工作才能輕鬆又完美！

✤ 裁布的方法

1 平整地擺放布，位置盡量不要偏斜。

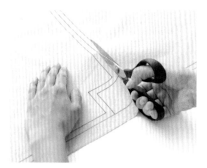

2 一手壓著布面，一手將刀刃大大地打開進行裁剪。刀刃打開時需和桌面垂直，下側的刀尖貼住桌面。布就不易因滑動而剪歪。

3 橫向裁剪時，要以順手的方向操控剪刀。如果可以，身體最好面向剪布的方向。

裁縫知識加強版
+α

便利的輪刀

裁切如斜布條等細長的裁片時，只要使用輪刀與直尺，就能裁切得非常平整。輪刀和布面垂直，一面稍微往下壓，一面朝身體的方向滑動。布的下方一定要鋪切割墊，直尺最好使用附有不鏽鋼尺規的款式，較不易損壞。

「對齊圖樣」的方法

縫合圖樣大的布片時,如果能讓兩片布的圖樣具連貫性,看起來就不會突兀。使用動物或景色等有方向區別的布料,也要特別注意讓圖案維持相同方向。分版時不要以節省布料為第一優先,要先注意布紋有無對齊,圖樣是否吻合,再來分配各個裁片的位置。雖然用到的布量可能會比較多,但能夠活用圖樣,才是手作獨有的樂趣。

● 格紋或大圖樣布料

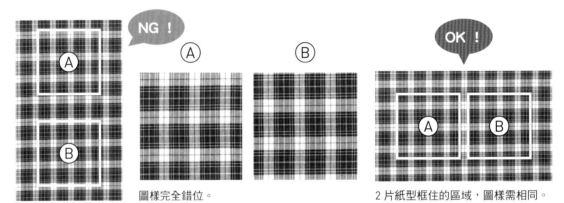

圖樣完全錯位。

2 片紙型框住的區域,圖樣需相同。

● 圖樣有方向區別的布料

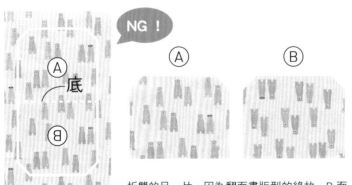

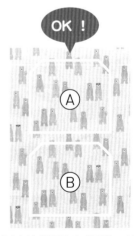

折雙的另一片,因為翻面畫版型的緣故,B 面圖樣變成相反的。

紙型延中線剪開後分成兩片,以相同方向排列在布上,框選相同圖案。兩片底部皆要留縫份。

布襯

為了補強耐用度並防止變形，布製品大多會在布的背面貼上布襯。
推薦大家使用熨斗燙過就能黏貼住的「黏合襯」，相當方便，還可以依照用途選擇不同厚度的布襯。
如果只需固定一片布，使用「單膠薄布襯」即可。

❋ 布襯的種類

大多數為不織布材質，有薄襯、中厚襯、厚襯等類型。洋裝等柔軟的布料，只要簡單加工立體感，使用薄襯即可，若是布包等需增顯厚度的作品，則選擇厚襯。

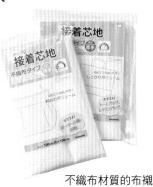

不織布材質的布襯

常見的布襯種類

布襯類型	特徵	適合的布料及用途
薄襯	材質柔軟且具透氣性。	料子較薄的服裝或領子、布邊等。
中厚襯	有適度的張力且能防止布變形。	一般材質的衣服內裡等，用途廣泛。
厚襯	具紮實的厚度。	包包、外套或大衣的內裡。

❋ 布襯的接合方法

依照分版圖標示的位置，在布料的反面放上布襯。將粗糙有膠膜的黏貼面朝下擺放後，用熨斗輕輕地整片熨燙過，讓布襯黏接，再稍微用力壓住，使其貼合。要注意熨斗不可水平橫向滑動，以免布和布襯錯位。藉由熨斗噴出的蒸氣熨燙過後，布襯就能漂亮地服貼在布上。

NG！

若過程有空氣進入，布襯就無法確實貼合（如左圖）。必須重新拿熨斗，從上面好好壓住、再貼合一次。

裁縫知識加強版 +α

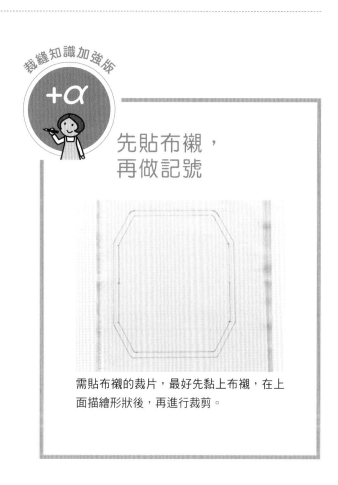

先貼布襯，再做記號

需貼布襯的裁片，最好先黏上布襯，在上面描繪形狀後，再進行裁剪。

縫份的事前準備

需將布料摺起來再縫時，建議先用熨斗壓出摺痕，
多了這個步驟，能讓成品更精緻。
作業時先準備好熨斗留在旁邊備用，之後「開縫份」時也會用到。

❊ 二摺收邊

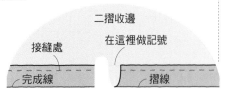

先在縫份的寬度位置做記號，就
能正確地摺出摺線。

將布邊至完成線的區域對摺成二摺，以熨斗壓燙出摺線。

❊ 三摺收邊

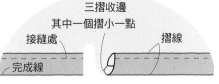

第一摺的寬度比第二摺小一些，
兩道摺痕的線條才不會重疊，縫
起來比較好看。

先將布邊摺至完成線稍微往外的地方，用熨斗熨燙。接著，
將燙好的第一道摺線往完成線上摺，同樣以熨斗壓燙。

裁縫知識加強版 +α

善用熨斗

熨斗不只是用於最後階段的修飾整
燙，在裁縫過程中，也有許多步驟
會使用到。現在就來一一介紹吧！
使用熨斗燙過的布料會更好縫紉，
用於最後修整，也能讓形狀更工整
漂亮。在縫紉的時候，可以把熨斗
放在旁邊隨時使用。

調整布紋（p.15）	整理布紋時，讓布料的偏斜處回正。
黏貼布襯（p.21）	放在布襯上方，壓住每一處，保持不動直到貼合。
漂亮地燙出摺線（p.22）	在縫紉前先壓出摺線，進行包布邊、對針縫等工作時就更加輕鬆。
漂亮地燙出縫份（p.23）	開縫份、倒縫份時，如果在縫合後的接縫處壓燙，就能讓形狀漂亮不歪斜。

❖ 開縫份與倒縫份

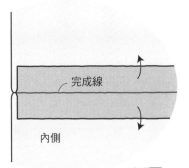

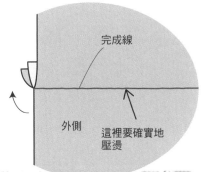

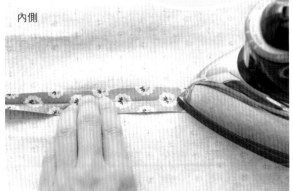

縫合完成後，若要打開縫份，需完全往兩側攤開，並用熨斗尖端確實地燙平。

若要使縫合後的縫份倒向同一邊，不是在布的內側熨燙，而是從外側用熨斗尖端，確實地壓燙、使縫份往同一方向貼合。

裁縫知識加強版 +α

接縫側邊的處理

縫合後的接縫要確實拉平，線條才會漂亮。最好的做法，是用手拉平接縫處到最邊側的地方，雙手用指甲一面按壓出線條一面往左右搓，出現痕跡後再用熨斗熨燙。

口金包的紙型繪圖方法

p.104 會介紹更詳細的口金包作法，
在那之前，先學會依據自己要使用的口金形狀，描繪出恰當的紙型吧！

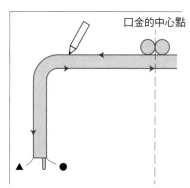

1 將口金放在紙上，自中央處往左側，沿著
口金的外側和內側畫出線條。

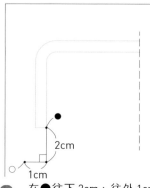

2 在●往下 2cm、往外 1cm 的位置上做記
號（○）。

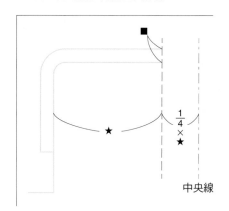

3 測量★線段的長度。在中央處間隔此長度
四分之一的距離，往外畫一條垂直線，這
條線就是「中央線」。

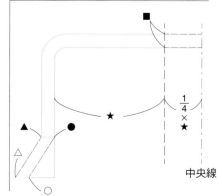

4 從■的地方，向右延長畫兩條線至中央
線，並連接●到○畫出一條斜線，從▲也
畫出一條與前一條斜線平行的線（△）。

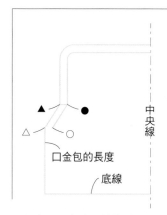

5 從步驟 4 畫出的線條（▲），配合口金包
預計的長度，往下畫出一條垂直線，並從
中央線垂直畫出底線與其連接。

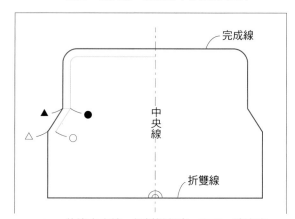

6 依據中央線，把紙摺起來，在另一邊畫出
對稱的線條，底部畫上折雙記號，就完成
了！外側的線為完成線。

第 2 章

手縫

熟習第 1 章的裁縫基礎知識後，
就能完成事前準備，準備開始縫紉囉！
這一章將介紹手縫的基本方法，
一起穿針引線，享受一針一線的手縫樂趣吧！

手縫前的準備

把線穿過針、在線頭打結，即完成穿線。如果能掌握穿線的訣竅，手縫就會更加方便。
手縫又可分為單線縫、雙線縫兩種，依照用途選擇即可。

❋ 穿線的方式

1 剪一條 40-50cm 左右的線。線不要太長，以免起毛、打結。

2 單手拿針，另一手拿著線頭穿過針孔。

3 線穿過針孔後，用手把兩段線合併，交叉來回搓揉，這樣在縫紉時比較不容易斷。

> *point!*
>
> 剪線時順著線本身的紋理斜剪，會比較容易穿過針孔。試著「用針孔去穿過線」，而不是「線去穿過針孔」，會比較容易。

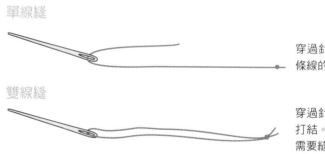

單線縫

穿過針後，在其中一條線的尾端打結。

雙線縫

穿過針後兩條線一起打結。用於縫扣子等需要縫得較牢固時。

❋ 頂針的使用方法

首先，將頂針戴在拿針那隻手的中指靠近第2指節的位置。大拇指與食指穩穩捏住離針尖大約3cm的地方。針與頂針呈垂直，一面縫一面將針往前推。戴上頂針後可以減輕對手指的負擔，就算長時間縫紉也不容易累。

裁縫知識加強版

+α

穿線好簡單！
大有幫助的便利小物

盲針

針孔

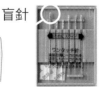

桌上型穿線器

上面放針，下面掛線，按下按鈕後線就會自動穿過針孔的工具。
桌上型穿線器 /Clover（可樂牌）

針孔有特殊設計，線可以直接從針孔頂端的凹槽壓入孔中。

❊ 始縫結（穿線後的線頭處理）

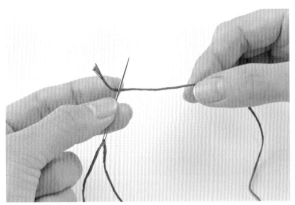

1 穿完線後，手捏住距離線頭約 2cm 的地方，並將針放在靠近線頭的位置。

2 將較長那一端的線，順時針繞針轉兩圈。

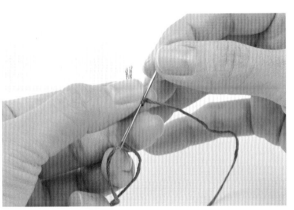

3 用拿針那隻手的指尖，確實壓緊繞線處。

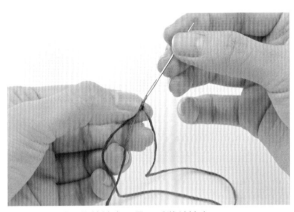

4 一手壓住繞線處，另一手將針抽出。

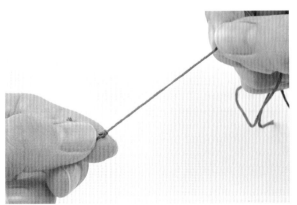

5 抽出針後，打好的結會落在線頭，稍微拉一下固定，不會移動即可。

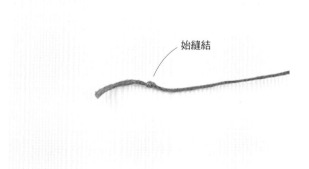

始縫結

6 打結完成。留下約 0.3cm 的線頭，其餘剪掉。比起將線頭捲起打結，這個方法更牢固。

各式基本手縫針法

下面將介紹手縫的基本縫法、珠針別法，及手縫結束後的線頭處理。
同時學會縫紉的正確姿勢，讓手腕不會過度出力。初學者可先用消失筆畫上要縫的線，就不容易縫歪。

❖ 平針縫（運針、串縫）

這是最基礎的縫法。針距約為 1cm 內縫 3-4 針。
針距更密集的縫法則稱為「串縫」。

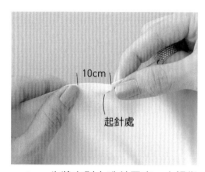

1 先將布別上珠針固定。大拇指和食指拿針，另一手撐開距離起針處約 10cm 的布，將針尖垂直穿過布面。

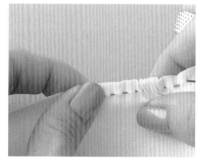

2 拿著針的大拇指向下壓，用頂針推針頭往前，另一手將布一上一下穿過針。約縫 10cm 後，先以指甲將縫好的布拉平。

3 全部縫完後，再將縫好的布拉平一次，並於反面打上止縫結（止縫結打法請參考 P.31）。

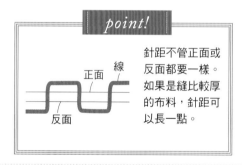

> **point!**
>
> 針距不管正面或反面都要一樣。如果是縫比較厚的布料，針距可以長一點。
>
> 正面　線
> 反面

❖ 珠針的固定方法

手縫之前，先用珠針把布要重疊的部分固定住。
這樣縫起來比較整齊，也不容易被針扎到手。

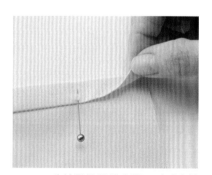

1 珠針從縫份的布邊，以垂直縫線的方向插入固定。珠針入針和出針需間隔 0.3-0.5cm，針尖只要露出一點點。

2 建議在燙衣板上進行，珠針不易跑掉，也可確實固定住布。

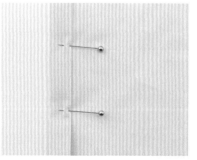

3 各珠針間隔約 5-8cm。除了四角一定要固定外，布的中心、兩側及四周也要固定。在快縫到該處前拔掉即可。

❖ 基本回針縫（全回針縫）

看起來沒有間隙的密實縫法，非常堅固。
線長需準備欲縫長度的 3 倍 ＋ 20cm。

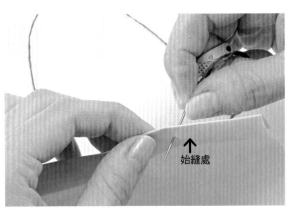

1 自預計縫的位置往前一針的距離，從反面入針。

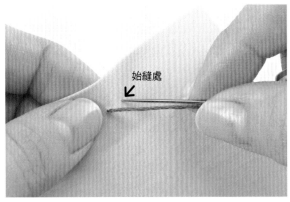

2 將線全部穿過後，再回到始縫處，自正面入針。

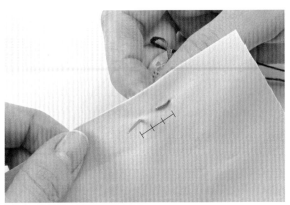

3 抽出縫線，向前兩個針距後，從反面入針。

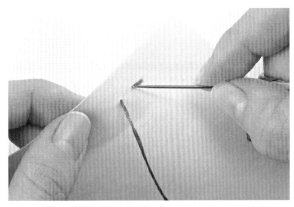

4 抽出縫線，退一個針距，回到步驟 **1** 出針的位置，從正面將針刺入。接著重複步驟 **3** 和 **4**。

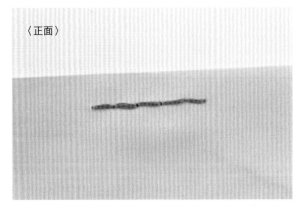

〈正面〉

5 正面和反面都沒有針距，正面看起來像整齊的機縫線條。要注意線不要拉太緊。

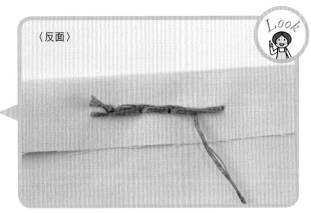

〈反面〉

圖為反面看起來的樣子。縫完後在反面打上止縫結（止縫結打法請參考 P.31）。

29

❋ 半回針縫

牢固程度介於平針縫與全回針縫之間，也可以用於加強平針縫的頭尾。
縫線長度需準備欲縫長度的 3 倍 ＋ 20cm。

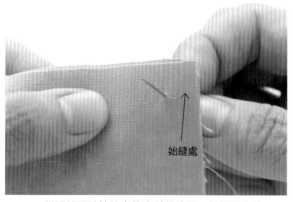

1 從距離預計始縫處約半針的位置，從反面入針。

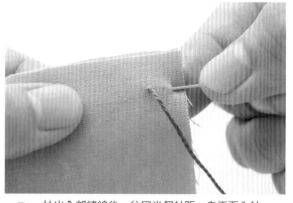

2 抽出全部縫線後，往回半個針距，自正面入針。

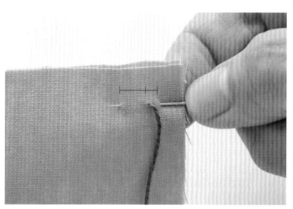

3 針不要抽出，往前一個針距後從反面出針。

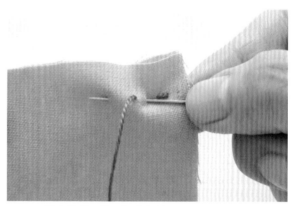

4 抽出縫線。往回退半個針距後，從正面入針，接著在往前一個針距後出針。重複這個動作。

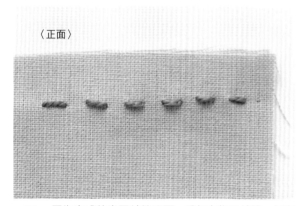

〈正面〉

5 圖為完成的半回針縫正面，看起來像平針縫，但牢固許多。要注意線不要拉太緊。

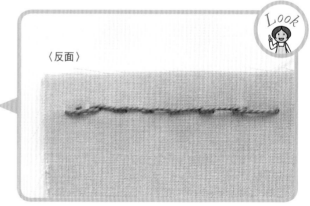

〈反面〉

圖為完成的半回針縫反面。縫完後在反面打上止縫結（止縫結打法請參考 P.31）。

❖ 止縫結（縫完後的收尾處理）

結束縫紉作業，或是縫到一半線用完時，
都可以打結固定，讓縫線不會散掉。

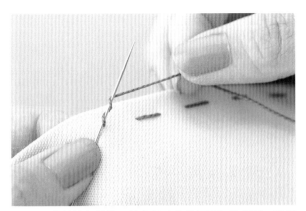

1 將針放在最後一針出針（布的反面）的位置，用剩餘的線繞針兩圈。若是縫到一半，需在線還剩約15cm時開始打結。

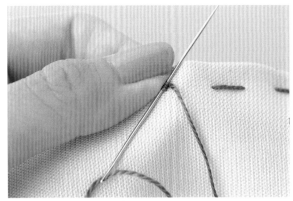

2 用拿針那手的大拇指，緊壓住步驟 **1** 捲好的線圈和針。

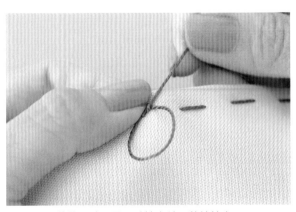

3 壓著的同時，另一手拉出針，將線抽出。

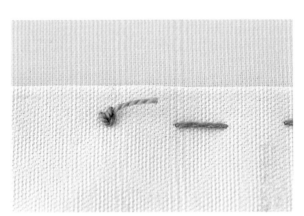

4 止縫結完成。留下約0.2~0.3cm的線頭，其餘剪掉。布紋較大的建議線繞 3、4 圈，比較牢固。

裁縫知識加強版

+α

無法打止縫結的處理方法

如果剩餘的線太短，無法打一般的止縫結，
就用下面方式收尾吧！

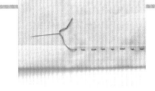

刺繡結束

1 在結束的位置將針與線分離，用剩餘的線繞針 2 圈。

2 步驟 **1** 繞完後，將剩餘的線穿過針孔。

3 針從繞好的線圈中抽出，即可固定住。

各式挑縫法

以下介紹幾個讓表面看不出縫線的縫合方法，主要用於衣物下襬和袖口等地方。
縫法有許多種，依目的選擇適合的方式，練習看看吧。

※ 以下示範為了方便觀看，使用顏色突出的線。實際操作時建議使用和布一樣顏色的線，就算露出表面也不明顯。

✿ 斜針縫

主要縫在反面，正面只挑一小針的縫法。
只要仔細地縫，幾乎看不到痕跡。

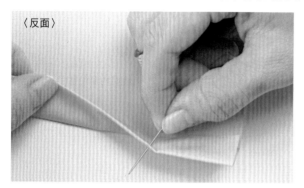

〈反面〉

1 用單線縫，在距離布邊或摺線 0.3-0.5cm 的位置出針，讓始縫結可以被藏在縫份反面。

2 抽出線後，往前約 1cm 的地方從表布反面挑一小塊布，再自縫份反面入針，於距離布邊或摺線 0.3-0.5cm 的位置出針。

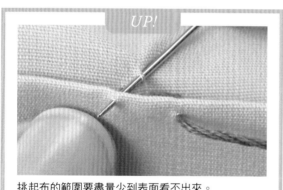

UP!

挑起布的範圍要盡量少到表面看不出來。

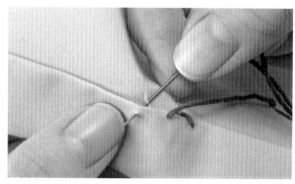

3 重複步驟 **1**、**2**。針距 1-1.5cm 左右，或再長一些。

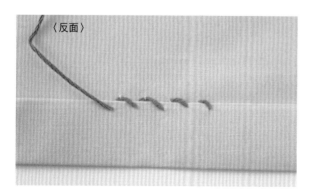

〈反面〉

4 圖為連續縫後的樣子。完成後在反面打上止縫結（止縫結打法可參考 p.31）。

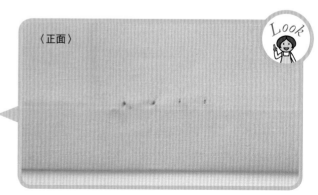

〈正面〉

Look

圖為從正面看起來的樣子。

❈ 藏針縫

縫在距離布邊約 1cm 的內側位置，讓縫線可以藏在布與布之間。
這種方法較常用於加強裙子或褲子下襬的牢固程度。

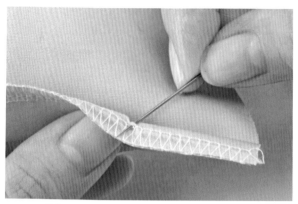

1 反摺縫份的布邊，從縫份的內側用針挑起一點布後，把線拉出。

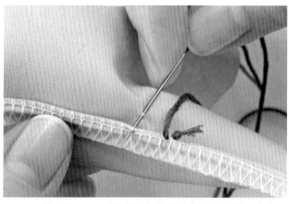

2 往前約 1cm，同步驟 **1** 於縫份內側位置挑一點布，把線拉出。重複此動作。

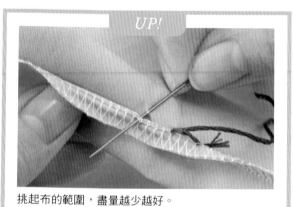

UP!

挑起布的範圍，盡量越少越好。

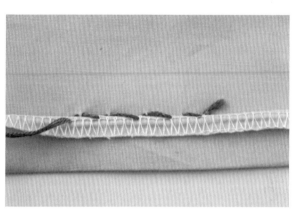

3 持續從縫份內側挑一點布，把線抽出，縫完後在內側打上止縫結（止縫結打法可參考 p.31）。

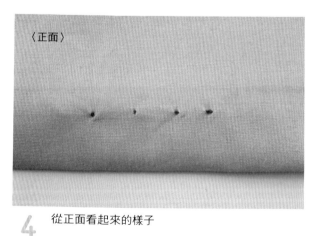

〈正面〉

4 從正面看起來的樣子

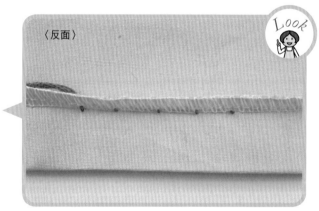

〈反面〉

Look

完成後將縫份翻回來，縫線就會被藏起來了。

✤ 繡線的穿針方式

依照刺繡圖案上的標示，將需要的線數整理好再一起穿針。

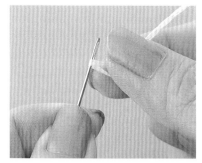

1 準備好需要的繡線，將線前端對摺後握住，套在針頭上。以慣用手的大拇指和食指，捏緊繡線的前端。

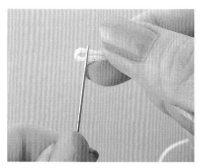

2 從下方抽出繡針後，將對摺的繡線尖端穿過針孔。

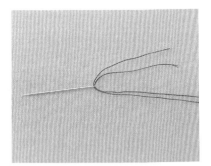

3 圖為穿好兩根線的繡針。和雙線縫的穿針方式不同，要將需要的線數全部穿過針孔。

✤ 圖案的描繪方式

把書中的圖案描繪在紙上，再利用複寫紙或複寫筆，把想要的圖案描畫至繡布上。

1 先將想要的圖案描繪到紙上，接著在繡布和畫好圖的紙中間，放上複寫紙，用鐵筆或筆尖照描。

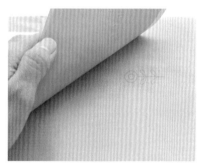

2 拿起複寫紙後，印好圖的樣子。

✤ 繡框的使用方式

一般的繡框都是兩層疊在一起，可利用外框上的螺絲調整繡布的張力。

1 鬆開外框的螺絲、取下內框。

2 將繡布平整地放在內框上方，再套上外框。

3 一面撐平繡布，一面鎖緊外框上的螺絲。

基本的刺繡針法

以下介紹六種基礎的刺繡針法，光是這六種繡法，就足以作出各種變化應用。
刺繡前將繡線線尾打結，為了避免繡線鬆開，大多會由右往右縫。

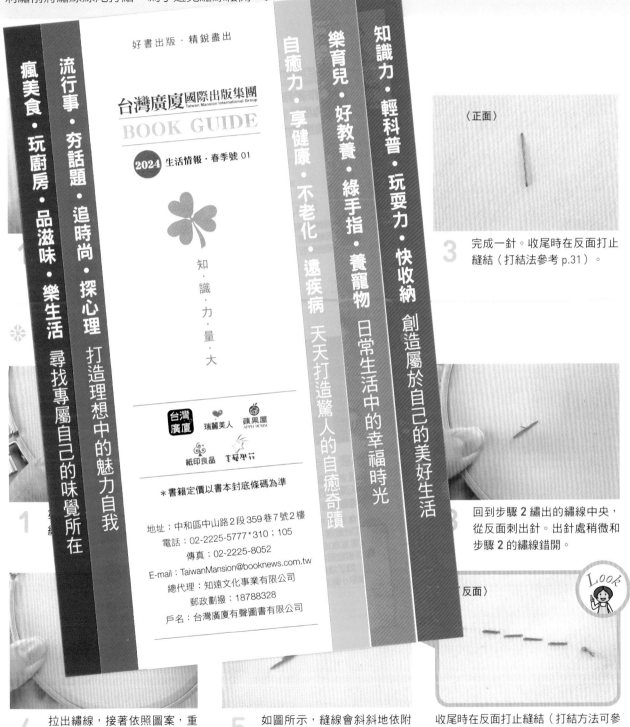

〈正面〉

3　完成一針。收尾時在反面打止縫結（打結法參考 p.31）。

回到步驟 **2** 繡出的繡線中央，從反面刺出針。出針處稍微和步驟 **2** 的繡線錯開。

〈反面〉

4　拉出繡線，接著依照圖案，重複進行步驟 **2** 和 **3**。

5　如圖所示，縫線會斜斜地依附在一起，描繪出曲線。若針距太短線條會較粗，可以拉長針距，繡出較簡明的線條。

收尾時在反面打止縫結（打結方法可參考 p.31）。

❋ 緞面繡　可以用來遮蓋表面或填色的一種刺繡方法。
建議從圖案的外側邊緣開始向內插針，才能填出漂亮的形狀。

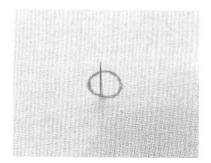

1 在開始刺繡的位置，從反面入針，再拉出繡線。

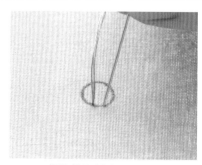

2 朝著想要刺繡的方向，從圖案上方插針。

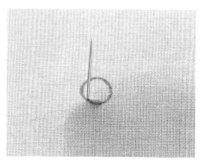

3 緊貼著圖案邊緣出針，每一針盡量貼緊但避免和重疊。重複步驟 **2**、**3**，持續進行。

〈正面〉

4 繡線的方向需一致，就像著色般，用線把圖案填滿。

〈反面〉

Look

收尾時在反面打止縫結。
（止縫結的打法可參考 p.31）

❋ 毛邊繡　用線包覆住邊緣的刺繡方法，常被用來包布邊或貼合布。也稱為「釦眼繡」。

1 從布邊往內側 0.5cm 處，自反面入針再拉出繡線。

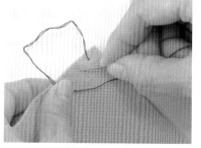

2 於步驟 **1** 針孔往前約 1cm，自正面入針。用繡線繞出一個環，先不要拉緊。

3 將針從布的反面布邊入針，並自內側穿過繞成環狀的繡線。

4 抽出針和繡線。

5 重複進行步驟 **2-4**。

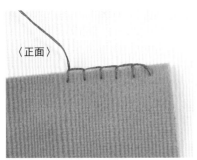

〈正面〉

6 插針的角度盡量保持與布邊垂直，就能繡出漂亮的線條。

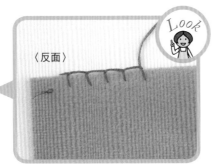

〈反面〉

Look

如果是要包布邊，因為反面也會被看見，所以針距需盡量相同。

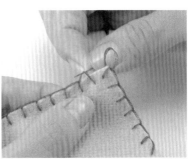

7 如果是繡一整圈，最後一針挑起的位置，必須在第一針結束的地方。

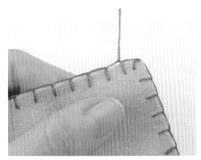

8 拉線。注意不要太用力，否則布角容易變形。

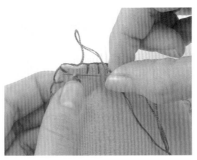

9 最後用針挑起布反面的線。挑起薄薄一層即可，讓繡線不會露在表面。

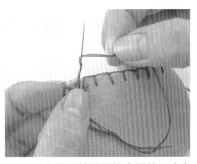

10 收尾時於反面打止縫結。（止縫結的打法可參考 p.31）

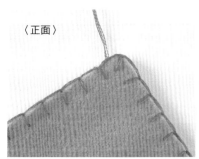

〈正面〉

11 開始與結束刺繡的位置若連在一起，完成的繡線就會很整齊。

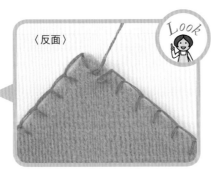

〈反面〉

Look

圖為從反面看起來的樣子。

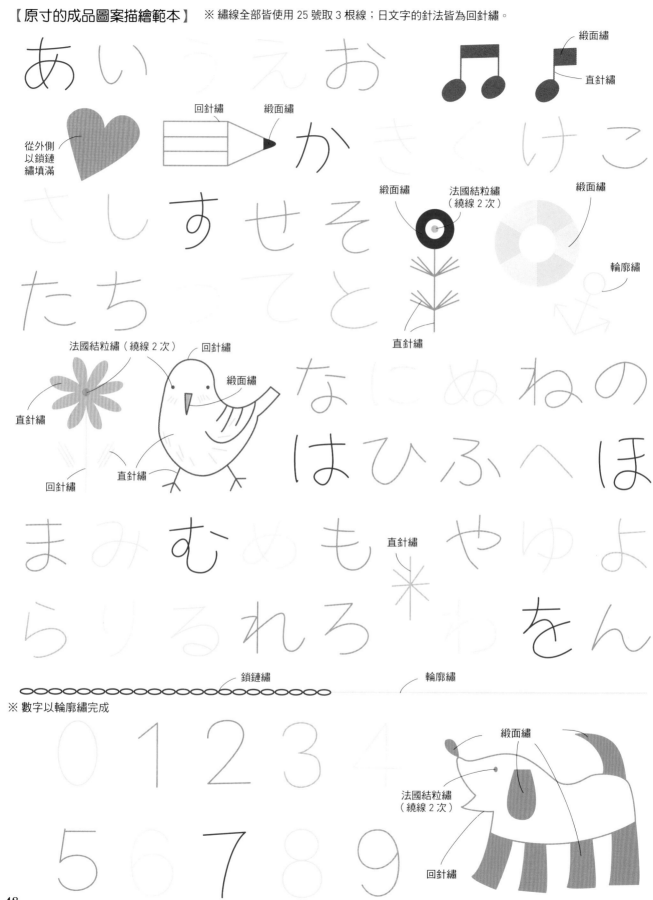

第 4 章

機縫

本章將說明家用縫紉機的基本使用方法，
以及縫拉鍊、縫布邊的技巧，學會應用後日常的縫紉作業便會更加便利。
在 p.83 之後，也會開始介紹使用機縫就能完成的簡單小物。

機縫前的準備

縫紉機是透過結合上線與下線來進行縫合的機器。開始使用前,先認識相關的基本知識與操作方法吧!
縫紉機又分為家庭用、工業用、拷克機等,此章節是以一般的家庭用縫紉機進行說明。

縫紉機與配件

先來認識縫紉機的各部位名稱與功能吧!
請先參考縫紉機的使用說明書,完成穿上線等啟用前準備工作。

❋ 家用縫紉機

這台縫紉機可以完成直線縫、鋸齒縫等縫法。
每台縫紉機的規格和價格皆有差異,只要有基本的車縫花樣即可。

縫紉機／Janome 車樂美(Yoko Nogi Sewing machine)

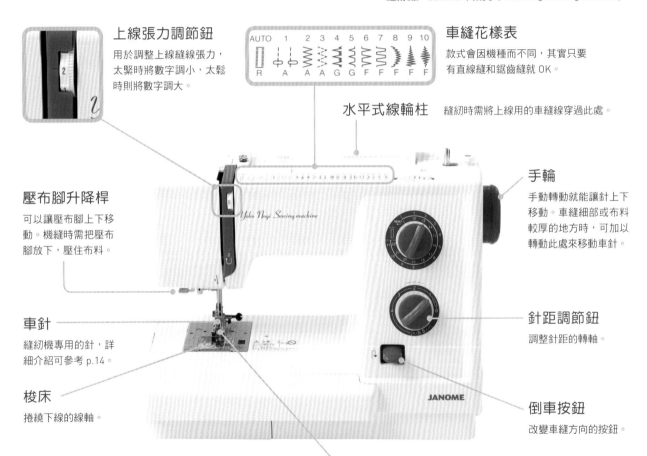

上線張力調節鈕
用於調整上線縫線張力,
太緊時將數字調小,太鬆
時則將數字調大。

車縫花樣表
款式會因機種而不同,其實只要
有直線縫和鋸齒縫就 OK。

水平式線輪柱 縫紉時需將上線用的車縫線穿過此處。

手輪
手動轉動就能讓針上下
移動。車縫細部或布料
較厚的地方時,可加以
轉動此處來移動車針。

壓布腳升降桿
可以讓壓布腳上下移
動。機縫時需把壓布
腳放下,壓住布料。

車針
縫紉機專用的針,詳
細介紹可參考 p.14。

梭床
捲繞下線的線軸。

針距調節鈕
調整針距的轉軸。

倒車按鈕
改變車縫方向的按鈕。

❋ 配件

縫紉機有許多配件,先從最基本且必備的開始準備吧!

線軸與梭子
裁縫時將下線捲入線軸,
固定於梭子內,再放進
下線用的梭床。有些家
用縫紉機沒有附上梭子,
需額外購買。

壓布腳
固定布料的金屬配
件。可依據不同縫
法如直線縫、鋸齒
縫、開扣眼,選擇
對應的壓布腳。

控制縫紉機的腳踏板
利用腳踩踏板來開始、停止車
縫,也能調節速度。即使雙手
都在使用縫紉機,也可以用腳
控制速度,比起機器本身附的
按鈕或操作桿更好操作。

機縫前的基本操作

機縫前可先決定直線車縫的針距長度、鋸齒縫的鋸齒寬度，然後進行試縫，再加以調整上線與下線的位置。

✽ 設定針距長度

在車縫直線時，需依照布料的厚度或目的調整針距長度。鋸齒縫是用來包布邊的，要根據布紋的粗細選擇寬度，兩種都可以參考右圖。轉軸會依縫紉機品牌有所差異，所以要先進行試縫再開始。

針距
（ ）內指每 1cm 布長會有的針數

鋸齒縫的寬度

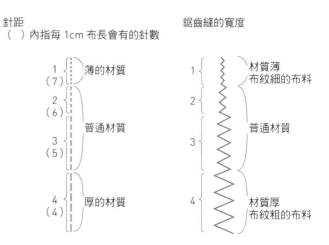

針距	材質
1 (7)	薄的材質
2 (6)	普通材質
3 (5)	
4 (4)	厚的材質

鋸齒縫寬度	材質
1	材質薄 布紋細的布料
2	普通材質
3	
4	材質厚 布紋粗的布料

✽ 調整線的鬆緊度

試縫時要用和實際車縫相同的布，方法如右邊的插圖。上線和下線不合時，可用下面方法調整，以免縫好的線容易鬆脫。

若是上線勾到，就要檢查上線是否正確掛好、布與車縫線的平衡是否有不良（可參考 p.14）。

如果是下線勾到，則要檢查線軸是否安裝正確、線軸的捲線方向是否偏移，並調整上線張力調節鈕。

縫紉機的送布齒會自動送布，如果在進行車縫時拉扯到布面，即使已經調整好線的鬆緊度，線還是容易勾到，要特別小心。

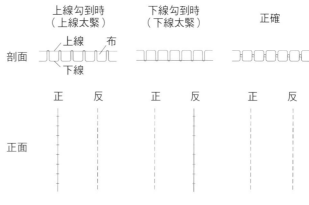

基本的機縫方法

現在就開始嘗試機縫吧！基本上，只要掌握起針和收尾、直線、鋸齒及轉角的車縫方法，大致上的作業就都沒問題。初學者可先用碎布練習，熟悉不同的縫法。

❋ 開始機縫的倒車

進行車縫時，要在開始與結束的位置倒車，以防縫線鬆脫。
首先說明開始車縫的方法。

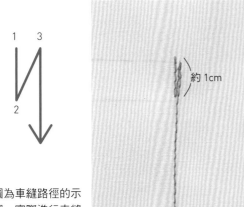

上圖為車縫路徑的示意圖。實際進行車縫時，線需重疊車在一條線上。

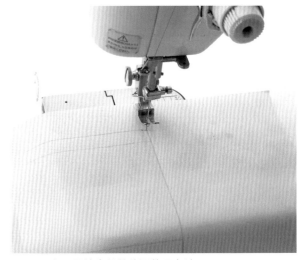

1 在要開始車縫的位置落下車針。

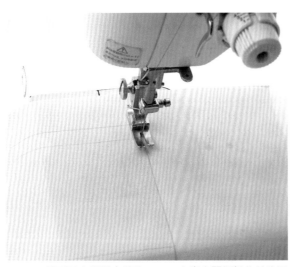

2 放下壓布腳並車縫約 1cm。在尚未習慣操作前也可以用手轉動手輪前進 1cm。

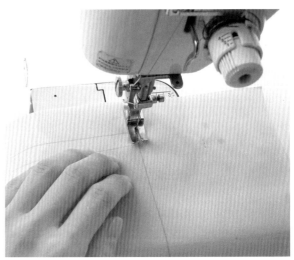

3 按下縫紉機上的「倒車按鈕」，原路往回車縫到 **1** 的起始位置。

❄ 直線的機縫方法

直線縫是最基本的車縫方法。想要縫得正確、筆直，重點在於視線的方向。雖然很容易在不知不覺中盯著手邊的針尖，但只要挺直身體、盯著車縫前進的方向，縫線就不容易鬆開。

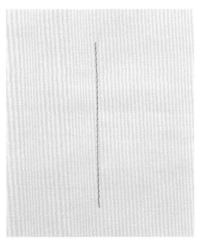

圖為完成的車縫線。利用壓布腳上的長度指示，一面測量一面縫到終點位置。

設定直線車縫模式後。手稍微放在壓布腳前方，縫紉機會自動送布，因此只需調整布的方向即可。

這樣 NG！

車縫時不要拉扯或用力按壓布面，否則縫線容易偏移、布面緊繃。

❄ 曲線的機縫方法

製作布包或縫製領口、袖口時常使用的車縫方法。
縫得好壞會直接影響成品的外觀，因此要多練習，車出自然的曲線。

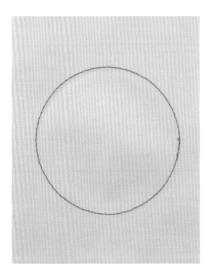

和直線車縫不同的地方，是車縫時要看著壓布腳，一面用手轉動布一面送布，以確保壓布腳方向和車縫線一致。

1 布的行進方向要維持在針的左側，如果想車縫出漂亮的曲線，盡量選擇小的針距。

2 讓縫線與身體盡量保持垂直，一面用手送布一面慢慢車縫。雙手必須均勻施力，勿太用力拉扯布。

機縫拉鍊的方法

拉鍊的種數有很多，此處以常見的單向拉鍊為主，示範車縫固定且能對齊布邊的方法。
這是在手作包包等物品時，常會使用的技巧。

❋ 拉鍊的種類

拉鍊依形狀、材質、中央零件的不同，有「閉尾拉鍊」、「樹脂拉鍊」等種類，可以依使用目的或搭配布料做選擇。

a 閉尾拉鍊

拉開到底的地方裝有下止，不會整個打開，是最普遍的拉鍊。

b 開尾拉鍊

沒有下止和下耳，拉鍊頭拉到底可以完全敞開，常用於外套上。

c 閉尾樹脂拉鍊

材質柔軟、重量較輕，適合搭配薄布料，多用在衣褲的口袋上。

d 隱形拉鍊

從衣物正面看不到的拉鍊，常用於連身裙或半身裙。機縫時必須使用隱形拉鍊專用的壓布腳。

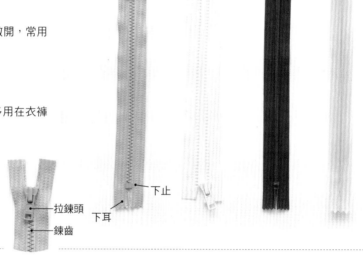

a　b　c　d

下止
拉鍊頭
下耳
鍊齒

❋ 拉鍊的機縫方法（以閉尾拉鍊示範）

在縫紉機上安裝車縫專用的「拉鍊壓布腳」後，再開始進行。車縫袋狀作品時，建議拉開拉鍊再縫製，以免完成後拉鍊拉不開。

拉鍊壓布腳

只壓住一頭的壓布腳，車縫時不會壓到鍊齒，可以牢固地縫上拉鍊。

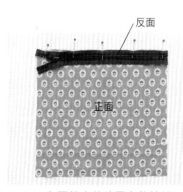

反面

正面

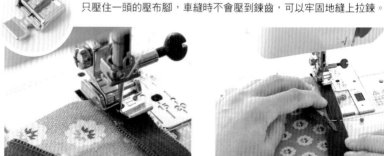

1 在要縫合的位置上放拉鍊。將拉鍊內側朝外，放到布的外側邊緣，再以珠針固定。

2 拉鍊拉開一半，從鍊齒的尾端下針。

3 開始車縫，完成後頭尾再倒車加強。

4 車縫至拉鍊頭的前方時，抬起壓布腳。

5 將拉鍊頭移到針的另一邊，再放下壓布腳，繼續車縫。

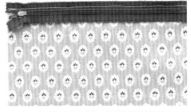

6 圖為固定好一側拉鍊的樣子。

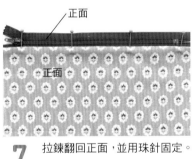

正面

正面

7 拉鍊翻回正面，並用珠針固定。

8 壓合並車縫布面的側邊摺線。

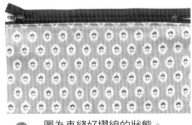

9 圖為車縫好摺線的狀態。

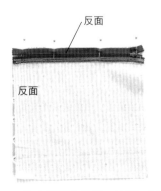

反面

反面

10 疊上要接合的另一片布，以珠針固定。

11 重複步驟 2-8，車縫拉鍊另一邊，圖為完成狀態。

point!

有些手工藝店會協助調整拉鍊頭的位置，讓拉鍊符合需求長度。購買時不妨問看店家。

布邊的處理方法

下面要介紹使用縫紉機縫布邊的三種方法，可以依據布料或縫製的作品做選擇。
不織布、防水布等材質的布料因為不會綻線，就不需要另外處理布邊。

❋ 鋸齒縫

多數布料常用的方法，使用縫紉機附有的鋸齒縫功能就能完成。

❋ 三摺縫

縫完後布邊不會外露，外觀看起來漂亮，也不必擔心綻線，用手縫也能完成。但因三摺縫有厚度，較不適合用在衣物的側邊。

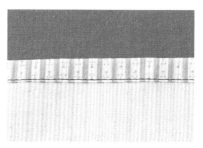

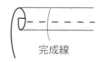

完成線

用熨斗燙平完成線，將縫份以少於兩等分的方式往內側摺，車縫在內側摺線稍微偏外的位置（可參考 p.22）。

❋ 包邊縫

將兩片布完全貼合在一起的縫布邊方法。布邊不會外露，也不容易綻線。常用於手作包包時的包邊處理。

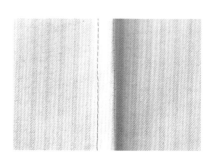

完成線

將兩片布正面朝外，疊在一起並車縫外緣，再翻到反面車縫完成線。

裁縫知識加強版
+α

用鋸齒剪刀裁剪布邊

直接用鋸齒狀剪刀裁剪布邊，是讓布邊不用車縫也不會脫線的好方法。適合用於毛料、不織布等不易脫線布料，或是製作不需清洗的小配件時。

鋸齒剪刀

刀刃呈鋸齒狀，裁剪出鋸齒形狀的剪刀。亦有波浪形的刀刃。

使用拷克機

專門用來包邊的機器，可以處理出漂亮的布邊。速度很快，可以一面裁布一面完成包邊，又分成 3 線或 4 線的機型。

拷克機

用來進行包布邊並切除多餘布料的機器，廣受縫紉迷的愛戴。

✤ 包布邊

用細長的布條包覆在布端。布條通常以 45° 斜裁製成，又稱滾邊條、斜布條或包邊條。除了固定布邊，也能成為設計上的亮點。市售種類相當豐富，也可以自行裁布製作。

滾邊條的種類

兩摺型

兩側有摺邊，最普遍的滾邊條。可以包覆布邊，或縫在內側以隱藏布邊。材質有平紋織、針織等，另有許多不同的花紋。

包邊型

將兩摺型的布條再兩摺處理，只要將布端包起來車縫，就能簡單完成。

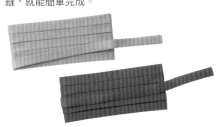

製作滾邊條
（使用滾邊器的方法）

用自己喜歡的布片製作布條。
若長度不夠，就多剪幾條縫起來。
不但可以依喜好製作，也能減少布的用量。

滾邊器

能摺出漂亮滾邊條的工具，配合需要的布條寬度選用。

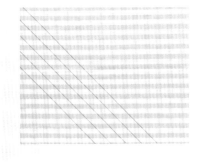

1 先調整好布料的布紋（請參考 p.15），在布邊的 45 度角位置，向斜下畫出需要的數量。

2 裁剪下來。使用輪刀（請參考 p.19）就能切得快速又正確。

〈反面〉

〈正面〉

3 將 2 片布的直角向內摺，並疊在一起，如圖所示，摺起的角度需完全相同。

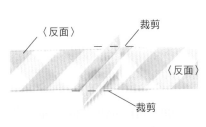

〈反面〉　裁剪

〈反面〉

裁剪

4 斜角皆從另一端的布邊露出，如圖排列並縫合後，打開縫份，裁剪掉布片露出的地方。

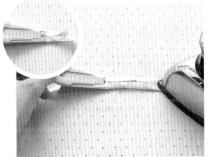

5 將布條穿過滾邊器，拉出來時兩端就會摺起。一點一點拉出來，再用熨斗燙平。

〈正面〉

6 完成。如果想要更確實固定，可以在上面貼一層布襯。

滾邊條的包邊方法（直線滾邊）

〈正面〉

〈反面〉

1 滾邊條的正面貼著布的正面，車縫在摺線上。

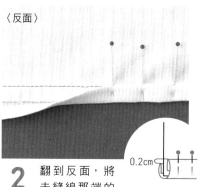

〈反面〉

0.2cm

2 翻到反面，將未縫線那端的滾邊條反摺，蓋住步驟 **1** 的縫線約0.2cm，用珠針固定。

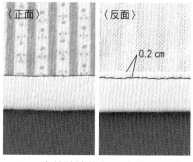

〈正面〉　〈反面〉

0.2 cm

3 車縫滾邊條與布邊的接合線，反面則車在布條上。可以邊車邊用食指摸摸看布條反面，確認車縫位置有無正確。

滾邊條的包邊方法〈弧度滾邊〉

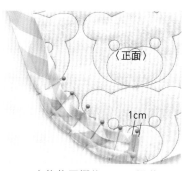

〈正面〉

1cm

1 布條往回摺約 1cm，沿著正面的布邊，疊上布條，用珠針密密固定住。

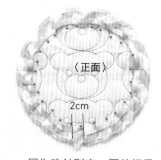

〈正面〉

2cm

2 圖為珠針別完一圈的樣子。最後會重疊 2cm 左右，把多餘部分剪掉。

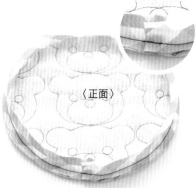

〈正面〉

3 延著布條縫一圈加強（可參考 p.53）。

〈反面〉

4 布條摺回反面，蓋住步驟 **3** 的縫線約 0.2cm，用珠針別住。

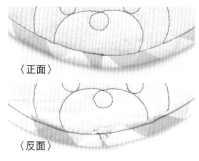

〈正面〉

〈反面〉

5 正面是縫在緊靠布條的邊緣。反面看起來則是縫在布條的布邊上。

6 圖為整圈縫完的樣子。

第 5 章

日常生活中的縫紉

縫鈕扣、縫補衣物、親手做布包，

本章要介紹許多能在生活中派上用場的實用裁縫技巧。

雖然要花一點功夫，但在一針一線的縫紉中，

能培養、練習珍惜擁有的事物，也讓日常和心靈更加富足。

※ 為了易於辨識，本章示範縫線皆使用顯眼的顏色，但實際操作時建議使用與布料同色的縫線。

鈕扣的縫法

重新固定脫落的鈕扣，其實又快又簡單！再也不用怕扣子突然掉落。
下面將介紹既簡單又能確實縫好的訣竅。

鈕扣的種類

鈕扣依大小、材質、形狀等有許多種類，以下介紹的皆是具代表性的常見鈕扣，及對應的縫製方法。當脫落的鈕扣遺失時，可以選擇直徑相同的鈕扣代替。

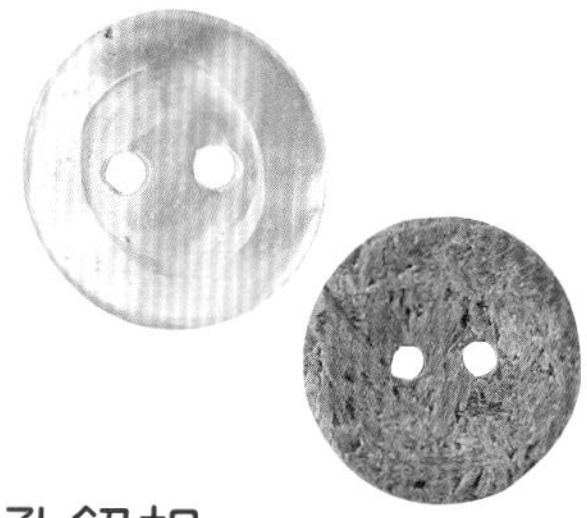

雙孔鈕扣

最常見的鈕扣，固定方法簡單也不會過於顯眼，有各式材質。左圖為適合襯衫的貝殼鈕扣，右圖為木製鈕扣。

四孔鈕扣

用線為雙孔鈕扣的兩倍，縫紉時會交叉固定在布面，更緊實牢固。可以用兩列、十字或四角的方式固定。

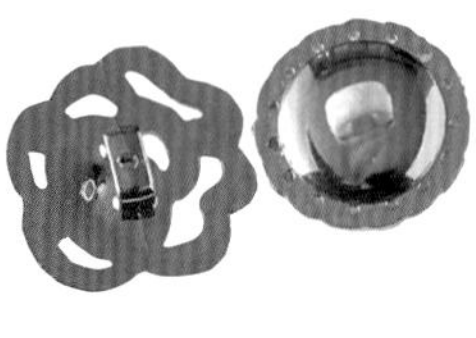

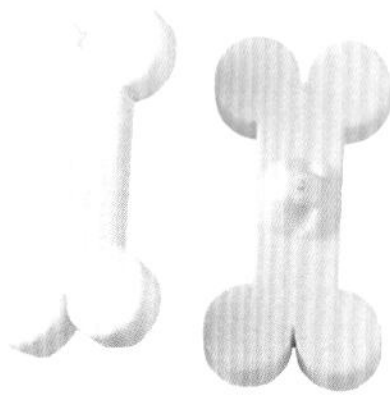

立腳扣

用反面的扣腳安裝在布上的鈕扣。扣孔不會外露，較富設計感，也可當裝飾品使用。比一般鈕扣有寬度，因此也適用於較厚的衣著。

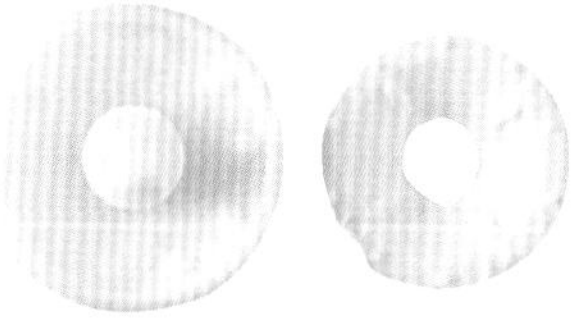

包扣

可以包覆上自己喜歡的布料，簡單製成釦子，多半會使用與作品同款的布料製作。

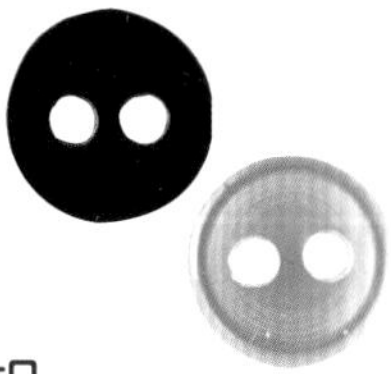

支力扣

將鈕扣固定在布的正面後，縫在反面上補強的小鈕扣。兩邊鈕扣會互相牽引，可加強牢固程度又不傷及布料。

縫鈕扣時使用的縫線

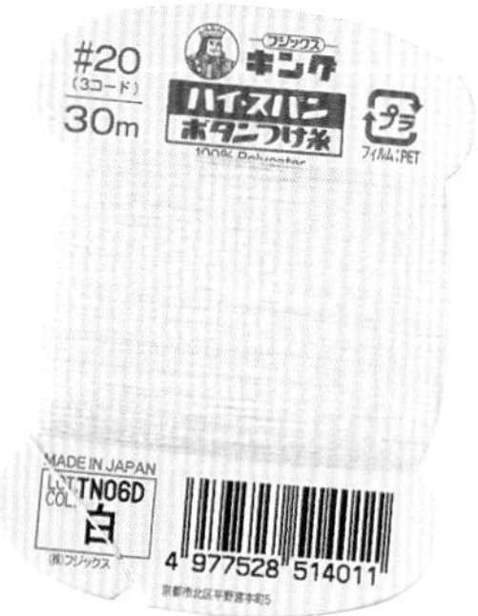

建議使用 20 ～ 30 支的縫線，比常見的 50 支更粗、更耐用。

❋ 雙孔鈕扣、四孔鈕扣的縫法

基本的縫法兩種鈕扣都通用。為了方便解開、不易脫落，布料和釦子間要留一點空隙，建議與布料厚度相同。

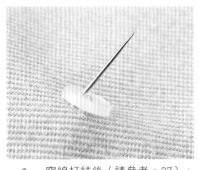

1 穿線打結後（請參考 p.27），從布的反面、要固定鈕扣的位置刺出，再穿過扣孔。

右圖標示：鈕扣／布面

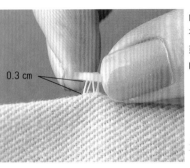
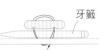
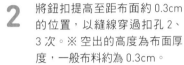

尚未熟練前，可以先在釦子下墊一根牙籤或火柴棒，輕鬆做出 0.3cm 的高度。

右圖標示：牙籤

2 將鈕扣提高至距布面約 0.3cm 的位置，以縫線穿過扣孔 2、3 次。※ 空出的高度為布面厚度，一般布料約為 0.3cm。

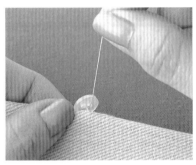

3 用縫線捲繞步驟 **2** 的縫線約 3、4 次，作出扣子中間的空隙（若有使用牙籤，要在此時抽離）。

右圖標示：捲繞

4 從正面入針穿至反面，打止縫結固定並剪線（參考 p.31）。

NG！

5 圖為側面看起來的樣子，用線做出扣子與布間的空隙。

扣子若緊貼布面，就不易扣緊或解開。但如果只是裝飾性的扣子則無妨。

❋ 立腳扣的縫法

扣子本身就有高度，省去用縫線捲繞的步驟，不熟悉縫紉的人也可以輕鬆固定好。

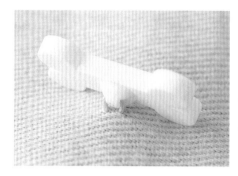

穿線打結後，從布的反面、鈕扣要固定的位置，將針穿出，再穿過扣孔。重複此動作穿繞 3、4 次，最後於布的反面打止縫結固定（參考 p.31）。

❋ 支力扣的縫法

以雙線縫進行，同時固定正面與反面的鈕扣。
常用在外套等布料較厚的衣物上，布料薄的則較不適合。

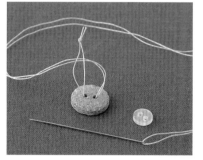

> point!
>
> 先將線穿過已打結的線圈。

1 穿雙線並打結後，將縫線穿過扣孔，重複 2、3 次捲繞成纏繞扣孔的線圈。

2 隔著布面將縫線穿過正面鈕扣與背面小鈕扣，重複 2、3 次，在 2 個鈕釦間製作出空隙。最後把線從反面穿出，打止縫結固定。

裁縫知識加強版
+α

用布代替支力扣

如果沒有支力扣，也可以用不織布裁剪成小圓形，放在布的反面。和支力扣一樣，具有牽引鈕扣並預防布料損傷的作用，亦可增加鈕扣的強度。

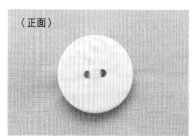

〈正面〉

〈反面〉

認識暗扣

由凹、凸 2 個配件扣在一起的鈕扣，又稱「壓扣」。
不需要太費力就能扣合，很適合裝在小孩或老年人使用的物品上。

❄ 暗扣的種類

尺寸一般為 0.7-1.4cm，尺寸愈大愈
能牢牢扣緊，但縫製時容易拉扯到
周邊的布，因此薄材質的布料需搭
配小一點的扣子。

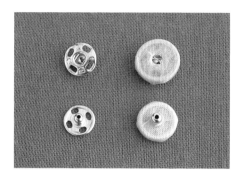

暗扣由 2 個配成 1 組。圖上
為凹、下為凸的配件。左邊
是標準的金屬製，便宜且容
易購買；右圖是以布包覆的
類型，適合典雅的服飾．

❄ 暗扣的縫法

縫在西裝上時，外側的布縫凸扣、內側的布縫上凹扣。
先決定暗扣要縫製的位置，在上面做記號。

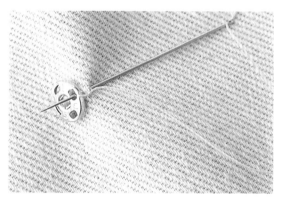

1 穿線打結後，在要固定暗扣的位置，從正面下
針再出針，穿過布面與凹扣的扣孔。

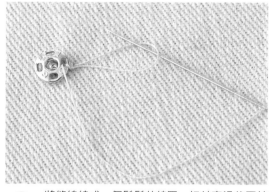

2 將縫線繞成一個鬆鬆的線圈，把針穿過後再拉
緊。要慢慢地拉線，避免線與金屬摩擦。

3 重複步驟 **1**、**2**，每個扣孔皆來回 3-5 次，將 4
個扣孔都固定好。

4 完成固定後，將針從反面抽出並打上止縫結
（請參考 p.31）。凸扣也用相同方式固定。

穿鬆緊帶與繩子的方法

衣服變鬆或太緊時，透過自行更換鬆緊帶就能解決。
鬆緊帶是很方便的設計，安裝方法也很簡單，就和穿繩子相同。

❖ 鬆緊帶的種類

鬆緊帶可大致分成不同寬度的鬆緊帶與鬆緊繩。寬幅必須比穿洞口窄，
並依使用目的挑選。長度需比預計使用的長度多留一些。

鬆緊帶

常用於衣物袖口、下襬、褲子腰圍等。長度以「碼數」或
公分標示，1 碼約為 90 公分。

鬆緊繩

粗度較細，多用於提包的袋口。不適合用在腰帶上，容易
勒得太緊。

❖ 繩子的種類

繩子也有各種形狀、材質與粗細大小，
依照成品搭配繩子，也可以作為設計上的亮點。穿繩方法與鬆緊帶相同。

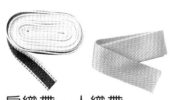

扁織帶、人織帶

呈帶狀的繩子，常用於洋裝的腰
帶，並用同款布料製作。也有其他
編織花樣的各式款式。

穿帶器

輔助穿繩子或鬆緊帶的工具。有依
鬆緊帶或繩子粗細設計；也有能夾
住繩子穿過洞口的款式，建議選擇
後者，不用拘泥於鬆緊帶和繩子的
粗細、形狀。

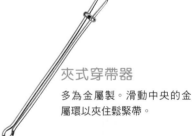

夾式穿帶器

多為金屬製。滑動中央的金
屬環以夾住鬆緊帶。

快速穿鬆緊帶器
（夾式）

柔軟的樹脂製。可利用
強力卡夾夾住，並迅速
穿好鬆緊帶。

快速穿帶器

塑膠製，細長的軟棒，可
快速穿好繩子或鬆緊帶。

圓繩

剖面呈圓形的繩子。常用於提袋袋
口、圍裙的綁帶等。

❊ 穿繩（鬆緊帶）的方法

若為腰部用鬆緊帶，建議長度為腰圍減 1-1.5cm，不過為了過程中能調節長度，準備時要留長一點。若只是要更換舊鬆緊帶，則準備和舊鬆緊帶相同的長度即可。

1 量取鬆緊帶長度，量的時候不可用力拉長。比需求長度再多預留 2cm 縫份並裁剪。

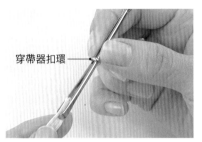

穿帶器扣環

UP!

2 拉起穿帶器上的環，鬆開開口、夾住鬆緊帶再放回原位，固定住鬆緊帶。

夾住鬆緊帶後，緊緊固定住。若未確實固定，鬆緊帶可能會在過程中鬆脫。

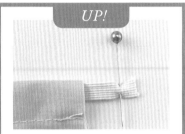

UP!

事先把珠針插入鬆緊帶的尾端，就不用擔心在穿繩過程中，最尾端也跟著一起跑進洞口。

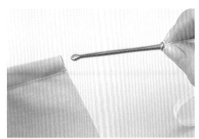

3 用手緊抓夾住的鬆緊帶，從另一頭先進入穿繩孔，以防夾住的鬆緊帶鬆脫。

4 一面慢慢地推進布料，一面將繩子穿過，並用手順平擠在一起的布料。完成穿繩後，暫時固定並試穿看看鬆緊，沒問題再將兩端縫合或打結。

裁縫知識加強版

+α

用髮夾代替穿帶器

如果沒有穿帶器，亦可用髮夾取代，使用方法和穿帶器一樣。雖然不適用於較粗的鬆緊帶或太小的穿繩孔，但一般鬆緊帶都是沒問題的。

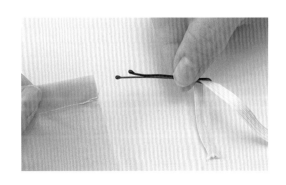

修補側邊、開衩的方法

當衣物、包包的側邊縫線鬆開、綻線時，將布料對齊、小心挑縫，就能修補得很漂亮。
當開衩處裂開、擴大時，也是用相同方法處理。

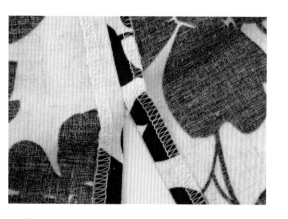

1 針穿線後，取一條線打結（單線縫）。從需修補位置的縫份摺線背後入針，再穿到正面。

2 抽出縫線後，將針穿過對側的摺線，挑起約 0.5cm 的布後抽出針，並抽出已鬆脫的舊縫線。

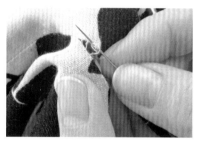

3 同步驟 2，挑起另一側摺線上的布，並抽出已鬆脫的舊縫線。

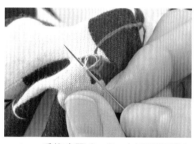

4 重複步驟 2、3。在兩側摺線上挑布的位置要維持水平。若沒有對齊，完成後的接縫會扭曲、不平整。

5 縫至結束位置後，拉緊縫線，但要避免太過用力拉扯，導致接縫處扭曲。

6 將針從正面穿回反面的縫份內側，於縫份的摺痕內打止縫結收尾。

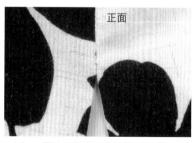

7 圖為正面呈現的狀態。縫線筆直、布料自然平整地接合。

圖為反面呈現的狀態。縫線在縫份內側，不必擔心容易和身體磨擦而斷掉。

修補袖子接口的方法

位於肩膀上的袖子接口經常會活動到，若有脫線狀況宜即早修補。
如果布邊綻線，袖子的縫線也容易跟著脫落，因此要先處理布邊。

❈ 縫補布邊的綻線

衣服翻到反面，如果發現布邊的縫線鬆脫，最好先行處理。以免之後綻線，會更麻煩。

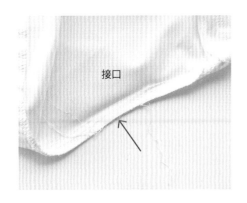

接口

1 衣服翻到內側，先將鬆脫的線打結。取一根針，以單線縫的方式穿好線。把接口的布邊抓好對齊，將針對準袖口上殘留的舊針孔，從內側往外刺出。

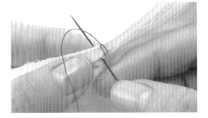

2 依照袖口原先的縫法修補即可，這裡示範的是以毛邊縫（p.44）縫補布邊。

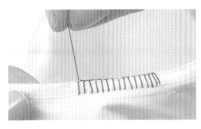

3 縫補完成的狀態。因為是利用原先的針孔縫補，補好後看起來沒有破綻。縫好後在背面打止縫結即完成。

❈ 縫補袖口脫線

每款衣服的袖口縫法不一，但大多以全回針縫（p.29）縫補。

反面

1 線穿針後，取一條線在線尾打結（單線縫）。將接口的布對齊抓好，將針對準原先的入針針孔，從下往上穿過去。

反面

2 往回1個針距，再往前2個針距後插針。重覆步驟 **1**、**2**，以全回針縫縫補。

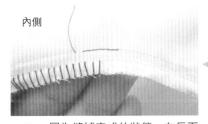
內側

3 圖為縫補完成的狀態，在反面打上止縫結。利用原本的針孔縫補，較平整漂亮。出入針角度如果垂直，反面也會很好看。

正面

Look

以全回針縫方式縫補，完成時布面不會扭曲，而且很牢固、耐用。

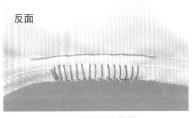
反面

4 圖為反面呈現的狀態。

修補領口的方法

即使是有彈性的針織布料或編織物，也能用下面方式縫補得很完美。
在這裡示範縫補Ｔ恤領口綻線方法。祕訣在於使用全回針縫，不是斜針縫。

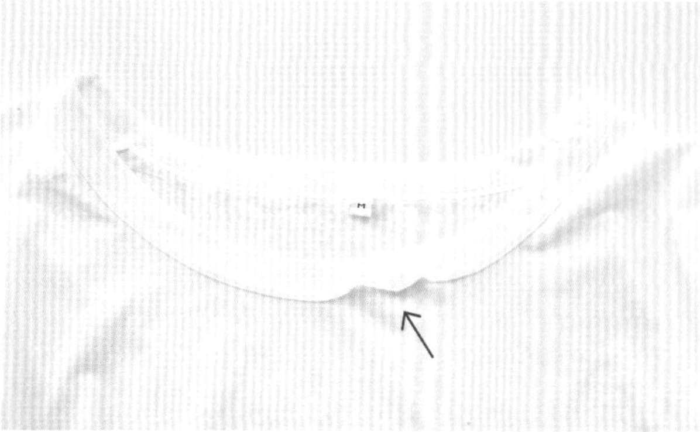

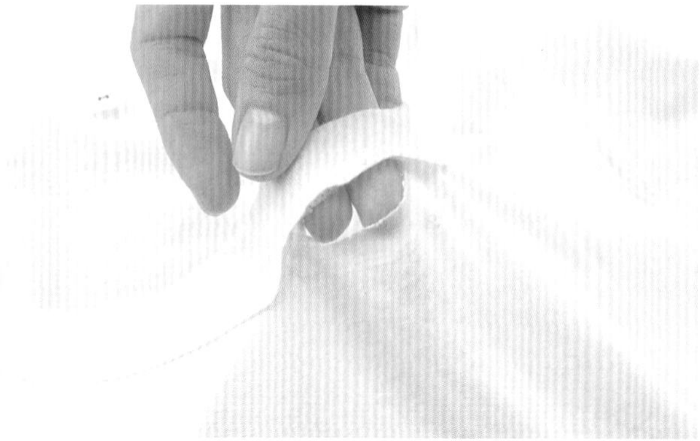

縫補領口布邊

若領口的內側布邊綻線，要先縫補布邊。
以毛邊縫（p.44）縫補，可以補得漂亮又牢靠。

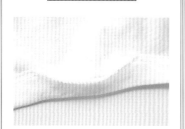

point!

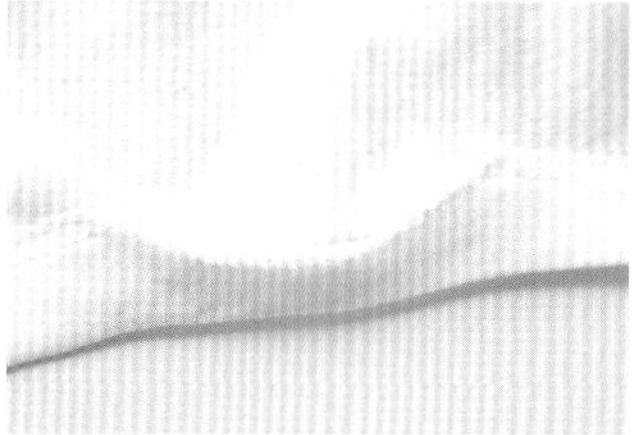

將綻開的線尾打結，防止繼續脫線。若線的長度不夠打結，可自行再將線拉出一些。

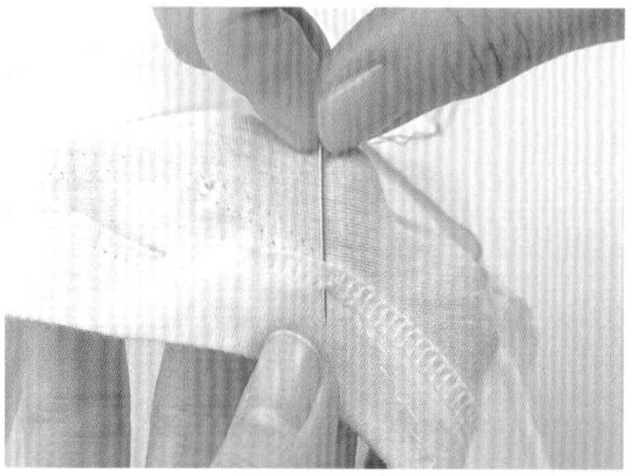

1 線穿針後，取一條線打結（單線縫）。從領口的反面入針，再穿過一小塊布，讓打的結不會外露。

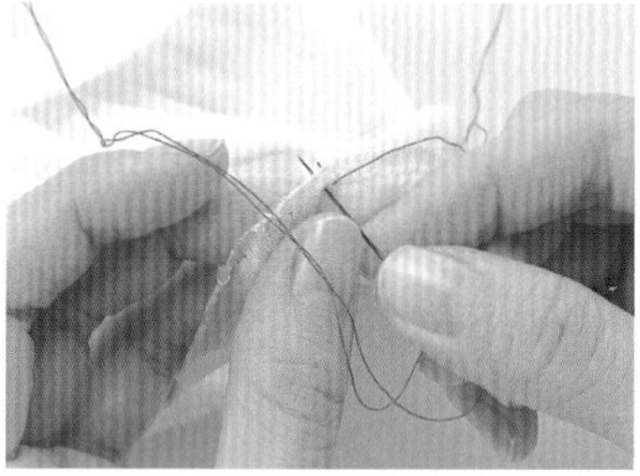

2 以毛邊縫縫補布邊。

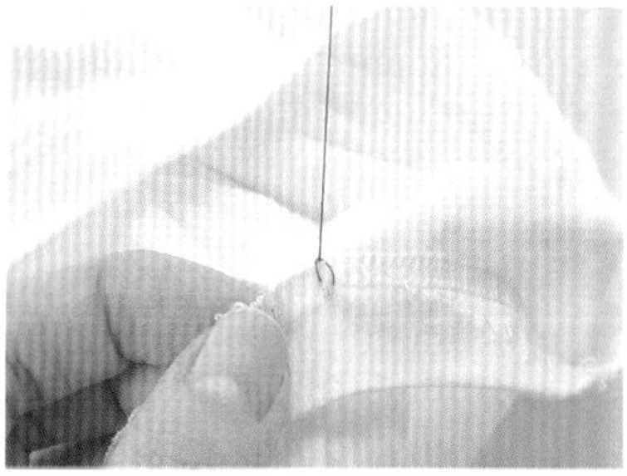

3 若太用力拉扯縫線，布邊會不平整，且線容易斷。要以不會造成布面扭曲的力道拉線。

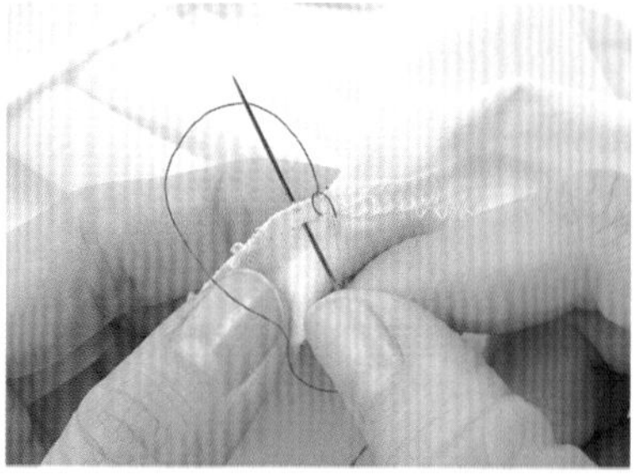

4 將針插入布面上原本的舊針孔，和未綻線部分以相同針距接連在一起，由下往上插針。

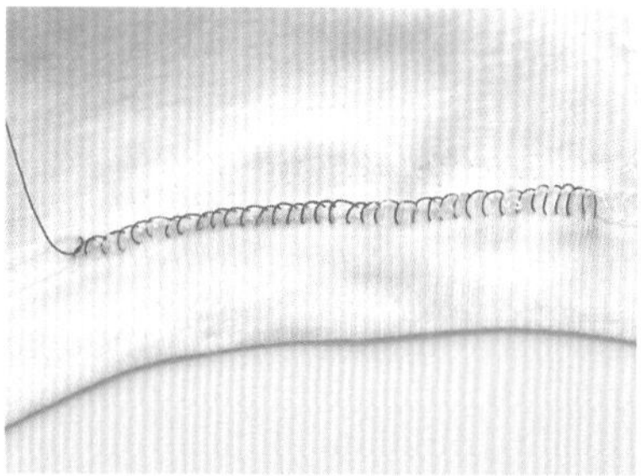

5 圖為縫補完成的狀態。於反面打結。毛邊縫的針距愈密愈好。

❖ 縫補領口的脫線

完成布邊的處理後，就要將鬆脫的領口與衣服緊密貼合。
這裡的重點也是要利用衣服原本的針孔做縫補。

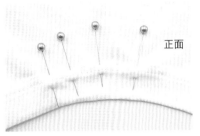

1 將領口正反面的布緊密貼合包覆住需修補的區域，再以珠針固定。

正面

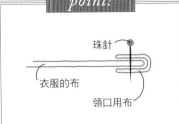

point!

珠針

衣服的布

領口用布

確實將布與領口疊在一起，以垂直方式插入珠針。同時也確認領口用布的正面和反面是否確實重疊在一起。

2 線穿針後，取一條線打結（單線縫）。在需縫補位置往前1個針距的地方，自領口的內側出針。

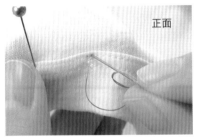

正面

3 抽出線後，往回1個針距再自衣服背後入針，此時的插針位置即為布面上原本的舊針孔。

point!

領口用布的正面、反面、衣服布片，務必以垂直下針方式結合，使3片布能縫在一起。

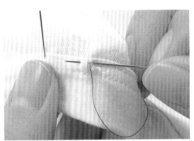

4 往前2個針距，從內側穿過原先的針孔出針，要注意避免布片移位。

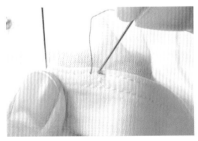

5 重覆步驟**3**、**4**，以全回針縫（p.29）縫補領口。

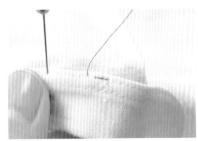

6 圖為依原本針孔位置縫完2針的狀態，看起來整齊且漂亮。

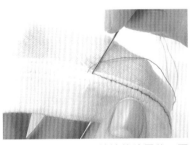

7 縫補到沒有綻線的位置後，再多縫2針，並於領口內側打結。完成後就像用車縫般工整。

正面

反面

圖為正面和反面呈現的狀態，可以輕輕拉布確認線是否會斷。

修補勾破的布面

這裡要介紹布面破洞的修補方法。當衣物不小心被勾到，
或因拉扯鈕扣而裂成鋸齒狀時，可以用下面的方法處理。

❖ 縫補布面

圖中的布面破洞呈三角形，因此縫線需以斜線方式縫補，以覆蓋破洞。

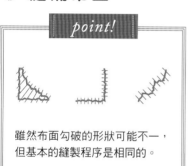

point!

雖然布面勾破的形狀可能不一，
但基本的縫製程序是相同的。

1 線穿過針後，取一條線打結（單
線縫），接著從布的反面，往
破洞外側 0.3cm-0.5cm 穿出。

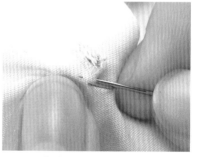

2 將線跨過破洞後，自正面入針。
再從反面於步驟 **1** 出針位置的
旁側出針。

3 盡量緊密地縫，以免露出縫隙，
插針時注意別讓縫線重疊。

4 重複步驟 **2**、**3** 並遮住裂縫。

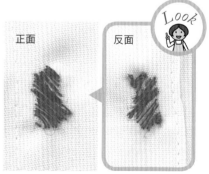

正面　　　　反面

Look

5 圖為縫補完成的狀態。在反面
打上止縫結。從破洞往外一點
點的地方開始縫，更能增加布
的牢固程度。

❖ 加上鈕扣裝飾

裂縫縫補完成後，緊接著在上面加上鈕扣。
這樣縱使縫線有些雜亂，也能用鈕扣巧妙地遮蓋修飾。

1 線穿過針後，取一條線打結（單線縫）。在要固定鈕扣的位置，從反面入針並穿出正面。

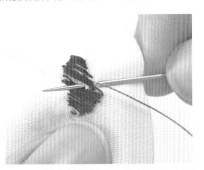

2 抽出縫線後，再將針插入步驟1旁邊的位置並拉線，一樣是反面下針穿出正面。

3 將針從鈕扣背面穿過扣孔。

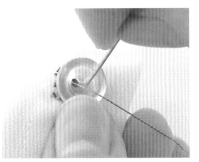

4 參考 p.63 固定鈕扣的方法。將線穿過扣孔 4、5 次，固定在距布面 0.2-0.3cm 的高度上。

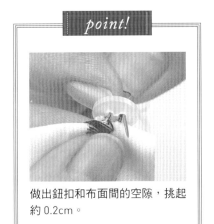

point!

做出鈕扣和布面間的空隙，挑起約 0.2cm。

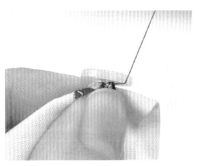

5 圖為固定好鈕扣的樣子。

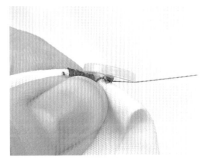

6 在步驟 4、5 做出空隙後，繞線 3、4 次以穩定，並自正面入針於反面打結。

7 圖為鈕扣擋住縫線的完成貌。

遮蓋破洞的方法

若長褲的膝蓋位置有破洞，可以從背面墊一塊「墊布」再縫補。
不論破損面積大小，只要仔細、巧妙地修補，就能讓即將被淘汰的褲子起死回生。

1 在縫補前，先用剪刀清理綻開處與脫線，保持洞口乾淨。

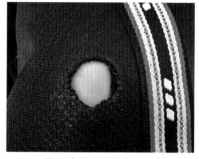

2 圖為處理完成的乾淨狀態。

3 準備一片顏色與衣服相仿，比破洞大一些的墊布。

point!

縫補過程中布片容易錯位，可以先用消失筆在布片中央做記號。

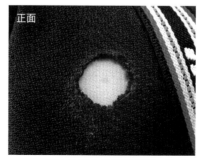

正面

4 將布片墊在破洞的反面。此時，記號要保持在中央，並確認布片是否有確實蓋在破洞周邊。

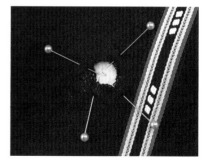

5 確定布片位置後，插入珠針。從外側朝中央固定四角。

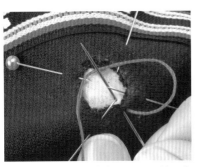

6 以單線縫將針從反面入針，穿出洞口外側邊緣。接著往旁邊0.2cm 處入針，穿過一小塊布，從洞口內側邊緣穿出。出入針時，針需與布面垂直。

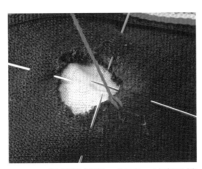

7 把縫線繞出一個圈，針穿過線圈內側並抽出。

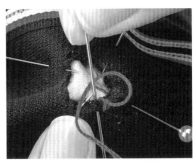

8 同步驟 6 從洞口邊緣外側入針、內側出針，並穿過繞好的線圈內側，以毛邊縫（p.44）縫補。

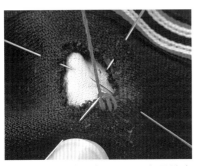

9 一面重複步驟 6-8，盡量縮小針距並縫補破洞周圍。

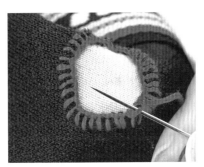

10 縫補完破洞周圍後，將針穿過周邊線圈，並拉出縫線。

11 將針從步驟 10 做出的線圈下方插入墊布，再從反面拉出並打結。

12 翻到反面，裁掉多出的布，使用鋸齒剪裁剪會更美觀。

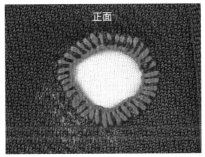

正面　反面

13 圖為縫補完成的狀態，縫得越密集越漂亮。

名牌的固定方法（一）

小學的體育服或制服，有些必須縫上班級座號的號碼牌。
對不太擅長針線活的媽媽來說，想必是個考驗。但其實只要掌握訣竅，就能輕鬆完成。

❖ 使用立針縫固定

重複垂直方向的入針和出針，沿著名牌繞一圈就完成，
是相當簡單又快速的縫法，很適合初學者。

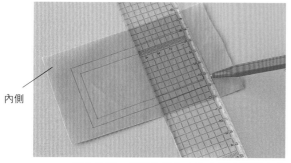

內側

1 製作名牌：用消失筆在布片上畫出預計大小的四角形，周圍留 1cm 的縫份，並裁下布。

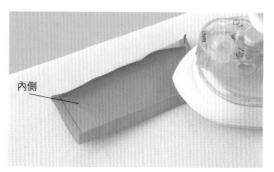

內側

2 用油性筆在正面寫上名字，摺好縫份後，翻面以熨斗燙平。

3 固定名牌：擺放在要固定的衣物位置，插入珠針固定。

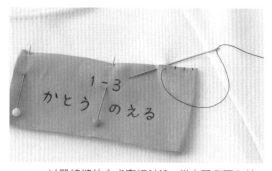

4 以單線縫的方式穿好針線。從衣服背面入針，將針從名牌邊緣穿出，接著垂直往上在名牌邊緣外側入針。重複此動作繞名牌縫一圈。縫得愈密愈漂亮。

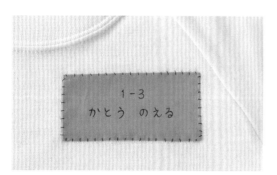

5 固定完成。在背後打結、剪去多餘的線。若是 T 恤等有彈性的布料，縫線可不用拉太緊。

❊ 使用鎖鏈縫固定

用手縫線縫出鍊狀縫邊以固定名牌。縫線具彈性，在穿脫衣服或激烈運動時，也不容易斷裂。
此處使用的是可以熨斗熨燙後黏貼的布貼作示範。

1 裁剪需要大小的布片，在上面寫名字，下面墊著墊布，用熨斗以中溫熨燙。

2 以單線縫的方式穿針。參考p.42鎖鏈繡的縫法，縫合布片的邊緣，盡量縮短針距，但不要過度用力拉線。

3 縫好一邊後，從最後一個鎖鏈的外側插針，反面抽出。

4 再將針從步驟3最後一個鎖鏈的內部穿出布面。

5 接續以鎖鏈繡固定另一縫邊。

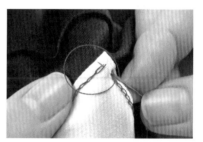

6 依序縫完四邊後，將針尖從第一個鎖鏈的內側穿出布面。

7 抽出縫線。

8 同步驟3，在最後的鎖鏈外側入針，於反面拉出縫線後，打結並剪線。

9 名牌固定完成。

point!

鎖鏈縫具有彈性，即使用力拉扯布料，線也不易斷。

兒童圍裙和三角頭巾

可愛的圍裙和頭巾,其實只要將乾淨的廚房擦碗布對摺穿上線後,就完成了!
在三角頭巾內安裝鬆緊帶,小孩也能輕鬆戴上和脫掉。

【準備物品】

● 棉麻擦碗布：長方形（47cm×65cm）
● 棉麻擦碗布：正方形（45cm×45cm）
● 直徑約 1cm 的圓繩（深藍）：2m
● 鬆緊帶：12cm×2.5cm
● 縫線：白

兒童圍裙

1 如圖，將上方兩角向內摺。

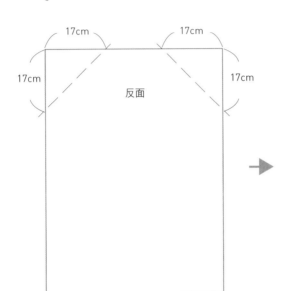

17cm　　　17cm

17cm　　　　　　　17cm

反面

2 將摺角的布邊縫製起來。

2cm　　　　　　2cm

正面　　　正面

反面

3 將繩子穿過縫製出的環狀空隙，完成。

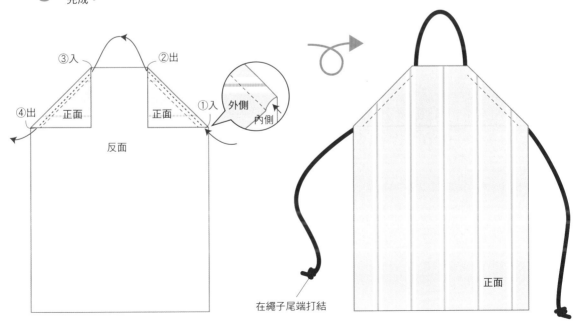

③入　　②出

④出　　正面　　正面　①入　外側

內側

反面

在繩子尾端打結

正面

三角頭巾作法在下一頁

89

製作方法詳細解說！

在這裡將以大圖仔細說明，上課、簡單外出都非常實用的 4 款布包製作方法。
現在就選擇喜愛的布料，做出個性獨特的作品吧！

雙層方形上課包

可以裝下樂譜或 B4 尺寸書籍的上課包。有內袋設計，因
此更結實牢固，使用也很方便。不需特別做布邊處理，只
要直線車縫即可，很適合第一次手作包包的人。

雙層方形上課包

【準備材料】

● 布

　棉麻印花布 90cm×35cm

　斜紋素色布（綠色）110cm×35cm

● 其他

　機縫線（綠色）

【分版圖】

（　）內
為縫份

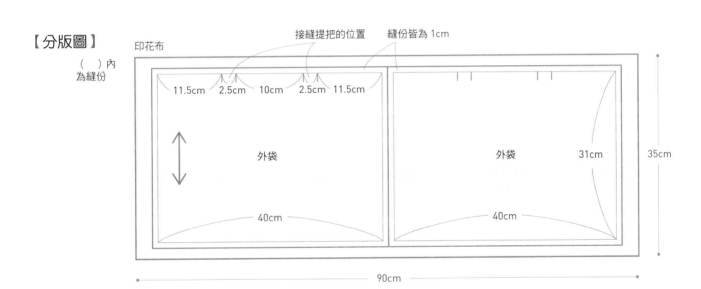

印花布

接縫提把的位置　　縫份皆為 1cm

11.5cm　2.5cm　10cm　2.5cm　11.5cm

外袋　　　　　　　　　　　外袋　　31cm

40cm　　　　　　　　　　　40cm

35cm

90cm

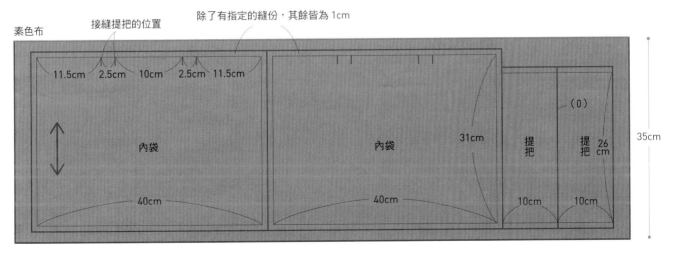

素色布

接縫提把的位置　　除了有指定的縫份，其餘皆為 1cm

11.5cm　2.5cm　10cm　2.5cm　11.5cm

內袋　　　　　　　　　　內袋　　31cm　　（0）　提把　提把　26cm

40cm　　　　　　　　　　40cm　　　　　　　10cm　10cm

35cm

110cm

製作方法請見下頁。

【製作方法】

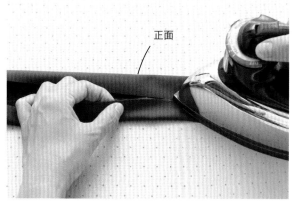

1 製作布包提把：將布的正面朝外，上下兩端布邊往中央摺，並用熨斗燙平摺線。兩端再對摺重疊，燙平中央摺線。

2 將上下兩端往內 0.2cm 的地方車縫起來。開始車縫與結束車縫的地方，以回針縫加強。

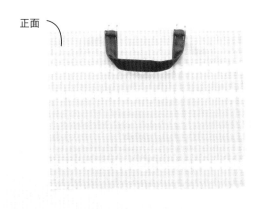

3 平整地放置提把於外袋布正面，並用珠針固定。

4 車縫提帶兩端的縫份（各縫約 0.5cm）。縫製完成後包包就不易偏斜。依相同作法完成另一提把。

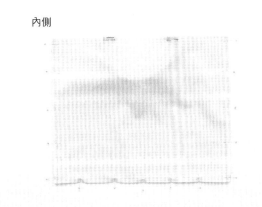

5 將兩片外袋布正面朝內疊在一起，並以珠針固定。

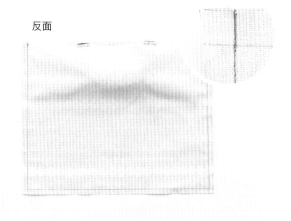

6 縫合兩側和底部後，再用回針縫繞袋口縫一圈。

反面

7 將兩片內袋布疊在一起，正面向內，並以珠針固定。

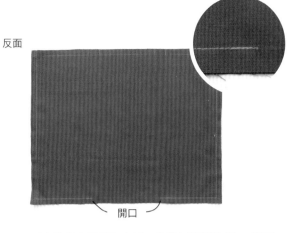

反面

開口

8 以車縫縫合兩側和底部，底部中間預留 15cm 開口當返口。袋口和返口的部分，以回針縫繞縫一圈。

9 翻開外袋和內袋的縫份，用熨斗燙平，並將外袋翻回正面。

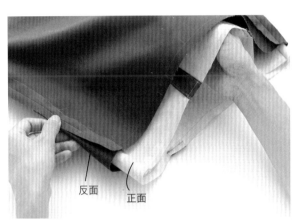

反面　　正面

10 將外袋放入內袋裡，正面朝外與內袋疊在一起。

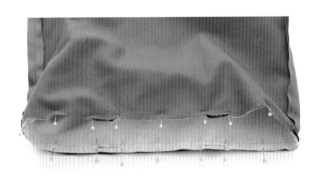

11 對齊外袋和內袋的邊線，並用珠針固定。

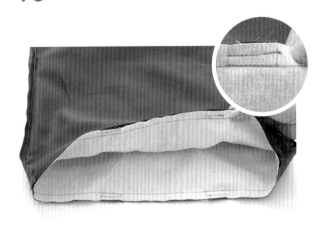

12 車縫袋口一圈固定內、外袋，開始車縫和完成車縫、提把的地方，皆再以回針縫加強。

製作方法請見下頁。 **95**

13 手從步驟 8 的返口伸進袋內，抓住袋角。

14 慢慢地將外袋袋角拉出。

正面

15 圖為將外袋翻回正面的狀態。

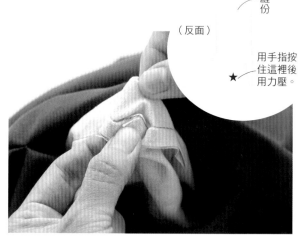

縫份

（反面）

用手指按住這裡後用力壓。★

16 手伸進步驟 8 開口調整袋角。如圖所示重疊縫份。

17 抓著摺疊的部分，以拇指用力壓。兩邊袋角皆以相同方式處理。

18 從正面將錐子插入接縫處，調整山工整的袋角。

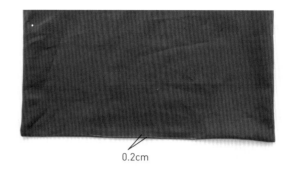

0.2cm

19 圖為調整完角度後的狀態。

20 將返口的縫份摺起,並以熨斗燙平。車縫在布邊往內 0.2cm 的位置,縫線兩端再以回針縫加強處理。

21 將內袋放入外袋中,用拇指緊壓開口的接縫處。這樣較容易用熨斗燙平。

22 外袋開口往內側摺 0.1cm,避免從正面看到露出的內袋,摺好後用熨斗燙平。

完成!

23 從布邊往下約 0.2cm 的位置,車縫外袋袋口一圈。開始車縫和完成車縫的地方,再以回針縫加強。

24 整體用熨斗燙平,完成!

【製作方法】

1 將製作提把的布摺成四摺，車縫成 2 條帶子（作法請參考 p.94 步驟 **1** 和步驟 **2**）。

2 將外側口袋的外布與內裡對齊，布的正面朝內，並以珠針固定開口端。

3 車縫開口端，開始車縫與完成車縫的地方，再以回針縫加強處理。

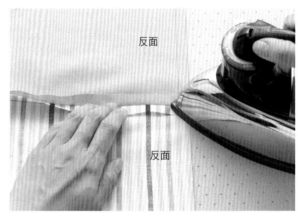

4 打開縫份，並用熨斗燙平。

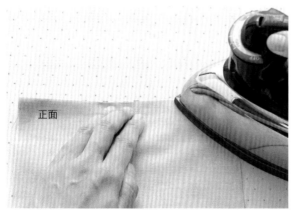

5 翻回正面，將縫份摺在裡面，並以熨斗燙平。

6 從正面車縫開口處，開始車縫與完成車縫的地方，再以回針縫加強處理。

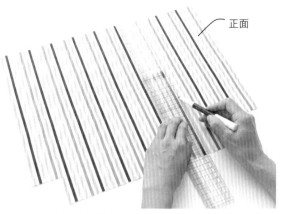

正面

7 在 2 片外袋布的正面，用消失筆標示出提把的位置。

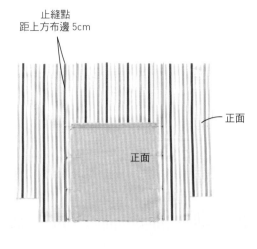

止縫點
距上方布邊 5cm

正面

正面

8 兩片外袋布在布邊往下 5cm 的地方，標示出止縫點。將步驟 6 完成的外側口袋用布，放到指定位置上，以珠針固定。

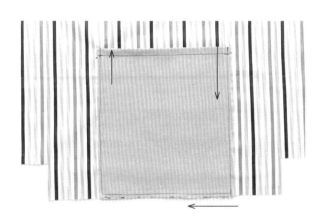

9 於距布邊 0.5cm 的縫份處，車縫外側口袋的側邊和底部，呈ㄩ字型。

10 對齊記號，平整地放上提把布帶，並用珠針固定。

0.2cm

11 沿著提袋邊緣往內 0.2cm，從底部車縫到步驟 **8** 畫的止縫點，再繞一個「ㄇ字型」車回底部。開始車縫與完成車縫的地方、外側口袋的兩端，再用回針縫加強處理。

12 另一片外袋布不接縫口袋，以同步驟 **10**、**11** 的方式，車縫提帶。

製作方法請見下頁。 **101**

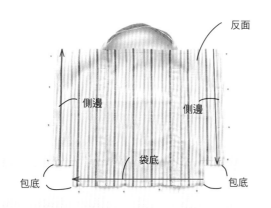

13 將 2 片外袋布正面朝內疊在一起，並以珠針固定。兩側和底部車縫起來，但先不縫包底。

14 分開側邊和底部的縫份，用熨斗燙平。

15 側邊與底部的縫份對齊，攤開包底後以珠針固定。

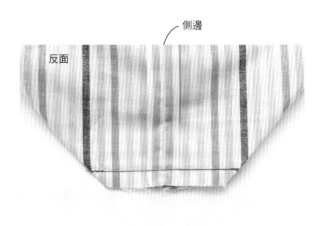

16 車縫包底。開始車縫與完成車縫皆以回針縫處理。另一側也依相同方式縫好包底。

17 將 2 片內袋布的正面朝內，重疊後再以珠針固定。

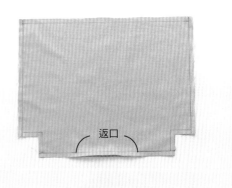

18 在袋底中央留 15cm 返口（p.95），車縫返口兩側、包包側邊。再依照步驟 **15**、**16**，車縫包底。

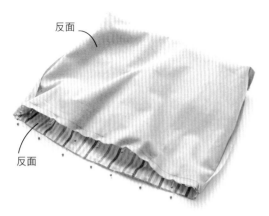

反面

反面

19 將外袋套入內袋中，重疊時正面相對，並以珠針固定袋口。

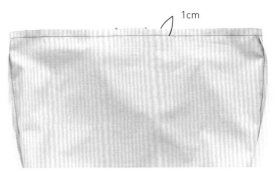

1cm

20 將袋口車縫一圈固定內外袋，並在開始車縫、完成車縫與提帶部分皆以回針縫加強。

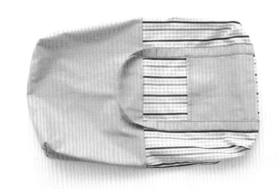

21 從返口將外袋翻出至正面後，縫合返口（方法請參考 p.96、97）。

1cm

22 將內袋放進外袋裡，以熨斗燙平後，避開提帶，沿著邊緣往下 1cm 的地方，車縫袋口一圈（參考 p.97 步驟 **21-23**）。

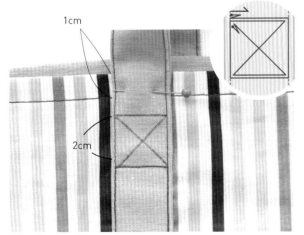

1cm

2cm

23 以珠針固定提帶，在四條提帶的上方都用消失筆描繪出右上方的圖形。

完成！

24 車縫描繪的圖形後，再用熨斗將整體燙平。

典雅刺繡口金包

想製作口金包卻又擔心太困難的人，經過以下詳細解說，
從縫製到安裝口金都能輕鬆完成不失敗。A款富東歐風的
小花刺繡和四角形口金，展現出復古典雅的感覺。

B 半圓形口金的口金包，
搭配插畫風刺繡。C 和 D
以圓點印花布縫製，設計
簡單且大方。三款口金包
皆有內裡，讓成品看起來
更飽滿、立體。3 款皆為
比手掌稍大的尺寸。

變化款口金包

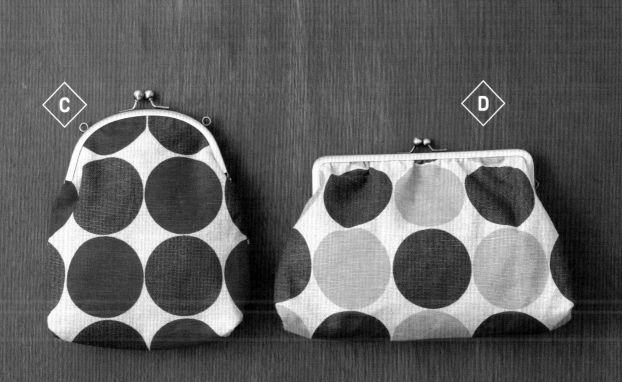

⟨A⟩ 典雅刺繡口金包

完成尺寸　參照 p.110、p.111 的紙型

【準備材料】

● 布

　棉麻（駝色）、棉質素色布（紅）、布襯、鋪棉　各 30cm×30cm

● 其他

　25 號繡線（紅、深綠、黃色）、縫線（紅、駝色）

　口金（方形）15cm×6cm

　牛皮 10 號紙繩（若口金沒有附再另外準備）25cm

　一字起子

　布用接著劑

※ 若未買到同款口金，請參照 p.24 畫出符合口金的紙型。

⟨B⟩⟨C⟩⟨D⟩ 變化款口金包

完成尺寸　參照 p.110、p.111 的紙型

【準備材料】
※ 三款皆需準備一字起子、布用接著劑、牛皮 10 號紙繩 ×25cm。

● 布

　棉麻（原色）、布襯、鋪棉、
　棉質素色布（紅、青）
　各 25cm×45cm

● 其他

　25 號繡線（駝色系漸層色）、
　縫線（綠）
　口金（半圓形）9 cm×4.5cm

● 布

　棉麻印花布（紅配棕）、
　棉質素色布（棕）、布襯、鋪棉
　各 25cm×35cm

● 其他

　縫線（棕）
　口金（半圓形）11 cm×4.5cm

● 布

　棉麻印花布（深藍配黃）、
　棉質素色布（棕）、布襯、
　鋪棉 各 20cm×40cm

● 其他

　縫線（棕）、
　口金（方形）15.5 cm×3cm

【製作方法】

各款口金包的基本作法大致相同，但在步驟 3 之後，B 和 C 的包底為 4cm，D 的包底為 5cm。（包底縫製方法可參考 p.121）。

【分版圖】

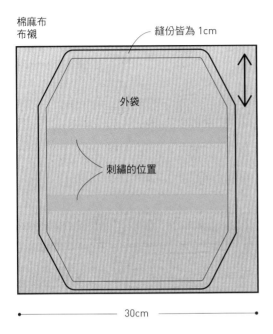

棉麻布
布襯

縫份皆為 1cm

外袋

刺繡的位置

30cm

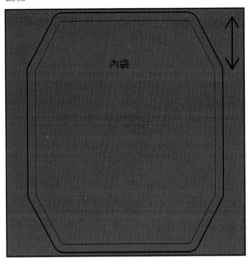

棉質素色布
鋪棉

內袋

30cm

【製作方法】

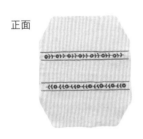

正面

1 在外袋布的反面貼布襯，取 3 根繡線刺繡（圖形在 p.110）。

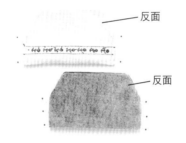

反面

反面

2 外袋布正面朝內對摺，以珠針固定側邊。內袋布的反面疊上鋪棉後，也正面朝內對摺。

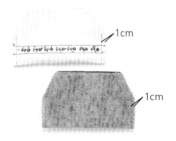

1cm

1cm

3 縫合側邊，在開始和結束車縫的地方，以回針縫加強。

4 打開外袋、內袋的縫份，以熨斗燙平。

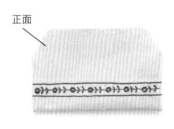

正面

5 B、C、D 款需將外袋翻回正面，接續製作包底後，再進行步驟 6（可參考 p.121）。

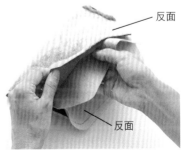

反面

反面

6 將外袋放入內袋裡，正面朝內疊在一起。

製作方法下頁繼續。

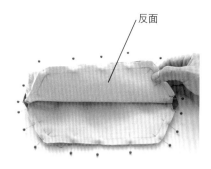

反面

7 內、外袋對齊中間點和開口止部記號疊合後，以珠針固定開口四周。

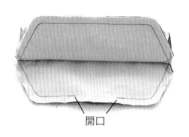

開口

8 其中一側袋口中間留下 6cm 當返口，其餘沿著縫份線繞袋口車縫一圈。

9 從開口止部開始，沿弧線往上剪開 7-8 個 0.6cm 的切口。

10 自返口慢慢拉出外袋袋角，並將外袋翻回正面。

外側

11 圖為翻回正面的狀態，用錐子調整出漂亮的尖角。

12 將內袋塞入外袋內。

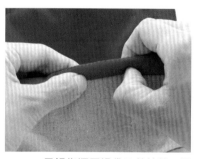

13 用拇指順壓過袋口的接縫，這樣較容易用熨斗燙平。

外側

14 將返口的縫份摺好，並以熨斗燙平固定。

中間點

15 縫合返口，並標出中間點。包包形狀完成。

16 因袋口布需塞進口金內，因此寬度需比口金稍微寬一點。

17 在其中一邊口金內側點上布用接著劑。使用紙片塗抹，就可能輕鬆伸入口金溝槽裡。

18 將口金和布包接合起來，一定要先確認袋子和口金的正反面。接下來的動作要迅速，以免接著劑乾掉。

19 用一字起子從布的正面，一點一點地把布邊推進溝槽。

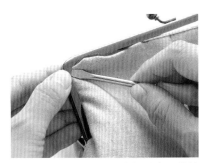

20 袋子與口金的邊角對齊，推的過程盡量避免產生皺褶。另一側口金，也以相同方式接合袋口布。

21 袋口中間點對齊口金中央，用一字起子從中間往邊角塞入口金。塞的時候盡量讓皺摺集中在中間。

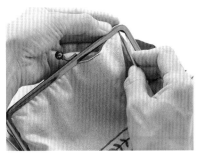

22 另一側也相同方式處理。

23 圖為口金安裝完成的狀態。

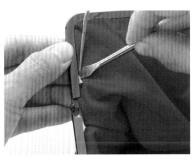

24 打開口金，在靠進開口止部0.5cm 處，於內袋接上紙繩，將內袋和紙繩一起塞進口金溝槽裡。

※ 塞紙繩需使力，但要避免手滑讓位置偏移。

25 邊角處也要確實把凸出的內袋塞進去。

26 在距離口金底部 0.5cm 處剪掉多餘的紙繩。若接著著劑乾掉後口金仍然鬆動，可以塞入墊布，並用鉗子鎖緊。

完成！

27 依照步驟 **17-26**，以相同方式完成口金另一側。

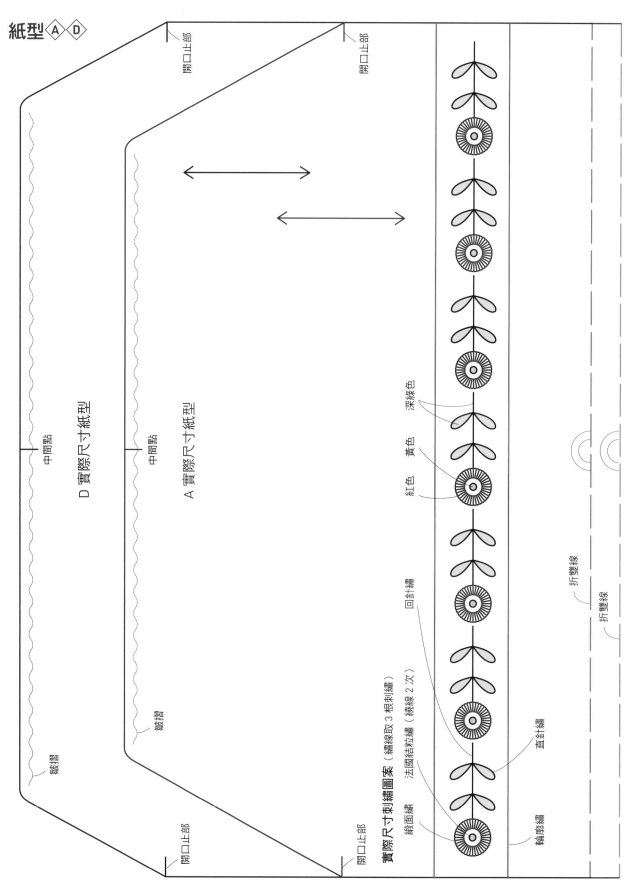

D 實際尺寸紙型

A 實際尺寸紙型

中間點

中間點

開口止部

開口止部

皺摺

皺摺

皺摺

開口止部

開口止部

實際尺寸刺繡圖案（繡線取 3 根刺繡）

緞面繡　法國結粒繡（繞線 2 次）　回針繡

深綠色　黃色　紅色

直針繡

輪廓繡

折雙線

折雙線

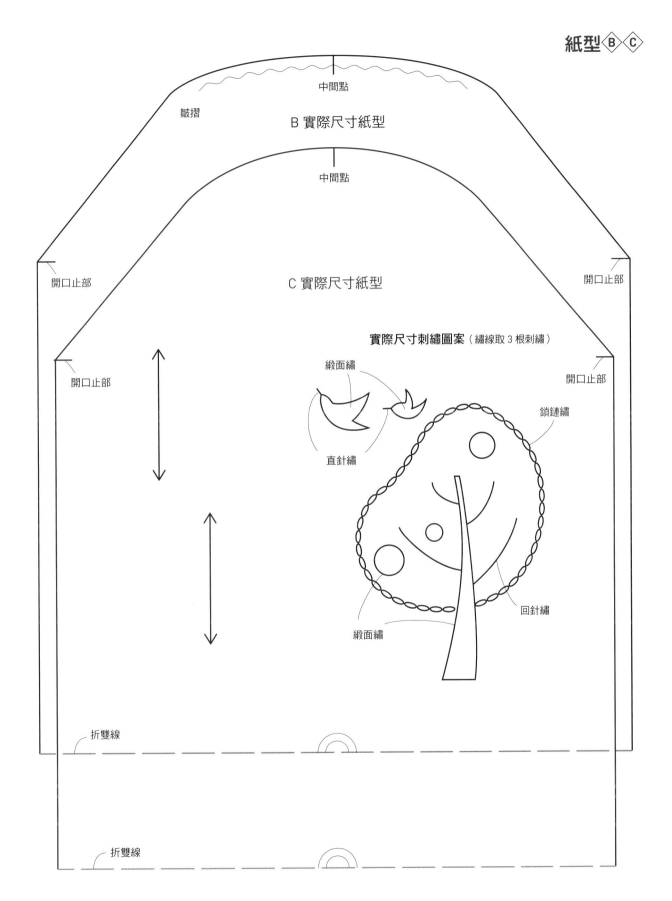

中間點

皺摺

B 實際尺寸紙型

中間點

開口止部

C 實際尺寸紙型

開口止部

實際尺寸刺繡圖案（繡線取 3 根刺繡）

緞面繡

直針繡

鎖鏈繡

開口止部

開口止部

回針繡

緞面繡

折雙線

折雙線

印花綁帶側背包

容量夠大的隨身包，設計簡單、可以斜背。由於拉鍊安裝在前面，容易縫製且方便使用。肩背帶也可依個人喜好調整。

印花綁帶側背包

完成尺寸 | 寬 31cm× 長 26.5cm

【準備物品】

＊變化款式請參照 p.116

● 布

　印花麻布 36cm×60cm

　素色棉麻布（灰） 20cm×125cm

● 其他

　機縫線（灰）、拉鍊（30cm×1 條）、免洗筷

【分版圖】

印花布　｜通用包包版形｜

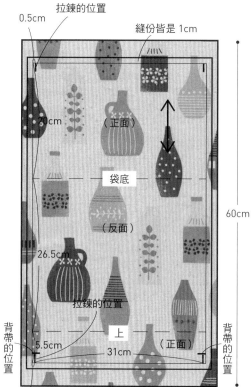

0.5cm
拉鍊的位置
縫份皆是 1cm
20cm
（正面）
袋底
（反面）
60cm
26.5cm
拉鍊的位置
背帶的位置
上
（正面）
背帶的位置
5.5cm
31cm
0.5cm
35cm

※ 對摺袋底時，正面花紋要朝外。

【製作方法】

不縫　　＜反面＞

1 背帶正面朝內對摺後縫合，留一邊短邊不縫，另一短邊則以 L 字車縫。

2 從縫上 L 字型的那一側短邊，用免洗筷往內推，慢慢推到未縫合那一端後抽出，即翻回正面。依同方式完成兩條肩背帶。

｜綁帶式背帶｜

素色布　　縫份皆是 1cm

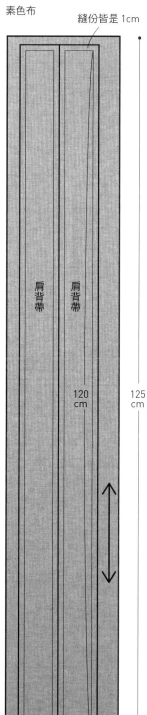

肩背帶　肩背帶
120 cm
125 cm
5cm　5cm
20cm

｜環扣式背帶｜

素色或條紋布　　縫份皆是 1cm

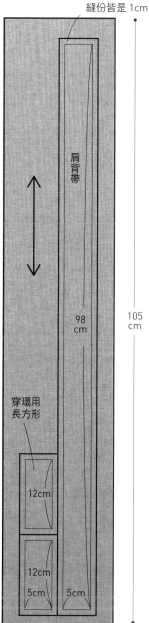

肩背帶
98 cm
105 cm
穿環用長方形
12cm
12cm
5cm　5cm
20cm

3 用大拇指緊捏接縫的部分，再以錐子拉出摺角、調整形狀。

> 2.5cm

4 用熨斗燙平。

5 在包包用布的上下處，以鋸齒縫車縫處理。

> 1.5cm
> 反面
> 正面

6 在上方的拉鍊位置疊上拉鍊，拉鍊正面朝上，以珠針固定。

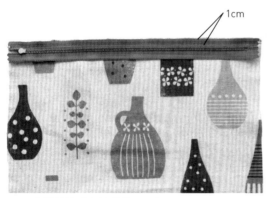

> 1cm

7 車縫拉鍊（方法參考 p.56）。

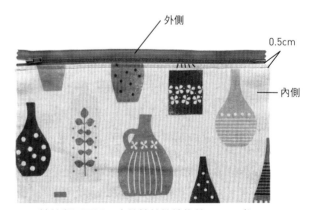

> 外側
> 0.5cm
> 內側

8 拉鍊翻回正面，車縫拉鍊縫線往外 0.5cm 處。

9 將包包用布正面朝內對摺，以珠針固定布與拉鍊。

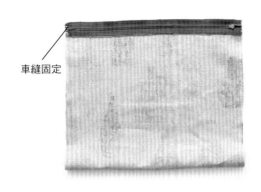

車縫固定

10 翻面，讓拉鍊位在上方，並車縫固定。

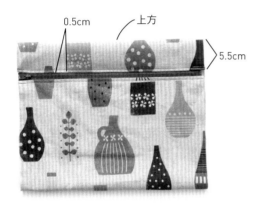

0.5cm　　上方

5.5cm

11 拉開拉鍊將布翻回正面，和步驟 8 相同，車縫縫線往外 0.5cm 處。拉鍊的位置如圖所示。

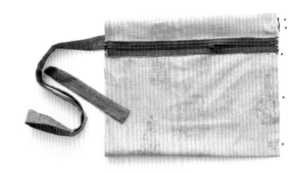

12 翻到反面，將背帶夾在兩片布中間。以珠針固定在安裝背帶的位置。另一側也依相同方式處理。拉鍊可先拉開一半。

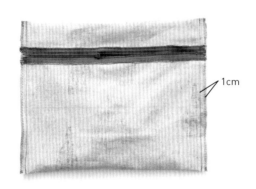

1cm

13 以鋸齒縫車縫包包兩側，在開始、完成車縫、背帶和拉鍊部分，再以回針縫加強。

完成！

14 拉開拉鍊翻回正面。用錐子調整包包四角，並以熨斗燙平。

環扣式側背包

變化樣式的側背包，製作方法基本上和綁帶式相同。在背帶上多安裝了可調節長度的扣環，可依身高調整，對大人和小孩來說皆是很方便的設計。

環扣式側背包

完成尺寸 | 寬 31× 長 26.5 cm

【準備物品】

● 布

A B　印花棉布 35cm×60cm

A　素色棉布（深藍）20cm×105cm

B　條紋棉布（綠白）20 cm×105cm

● 其他

機縫線（配合布料顏色）、

拉鍊（30cm× 各 1 條）、

口型環（2.5cm× 各 2 個）、

日型環（2.5cm× 各 1 個）、返裡針

【分版圖】

參考 p.113

【製作方法】

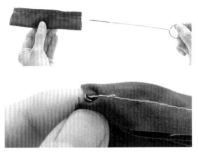

1 剪下兩片 12cm×5cm 的長方形，正面朝內將長邊重疊，並車縫固定。

2 同 p.113 步驟 **1**，製作背帶，並用熨斗燙平。接在包包上時，有縫線的長邊朝內。

3 步驟 **1** 的長方形穿過口型環，並對摺。

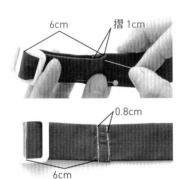

4 將背帶一端的短邊縫份往內摺，穿過日型環後約 6cm 後，以珠針固定，再車縫縫份上下兩端。

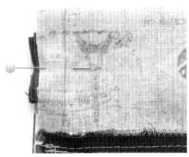

5 車縫包包主體（方法同 p.114、p.115 步驟 **5-11**）。翻到反面在左右安裝背帶位置，各夾住 1 片步驟 **3** 的長方形，並以珠針固定。

6 拉鍊先拉開一半，以鋸齒縫車縫包包兩側，開始與完成車縫、穿環用長方形和拉鍊部分，以回針縫加強。

7 拉鍊打開，將包包翻回正面，將背帶沒有日型環的一端，穿過口型環，再穿回日型環。

8 將背帶再穿過另一邊的口型環，寬邊往內摺 1cm 縫份，並在 6cm 處摺彎，以珠針固定，同步驟 **4**，車縫縫份。

完成！

9 調整形狀，以熨斗燙平。

基本款便當袋

<格子>

<圓點>

以防水布製作，防潑水、不易弄髒，很適合當午餐袋使用。這種材質可用家用縫紉機車縫，也不需處理布邊。製作時，可以配合便當盒大小調整尺寸。

基本款便當袋

完成尺寸 ｜ 參照下圖

【丈量尺寸的方法】

參照下圖，量取便當盒的尺寸，也一併測量餐具盒的大小。丈量完成後，製作分版圖，比實際大小多預留 2-3cm 即可。

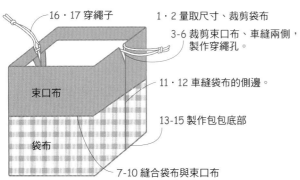

- 16・17 穿繩子
- 1・2 量取尺寸、裁剪袋布
- 3-6 裁剪束口布、車縫兩側，製作穿繩孔。
- 11・12 車縫袋布的側邊。
- 13-15 製作包包底部
- 7-10 縫合袋布與束口布

束口布

袋布

【分版圖】

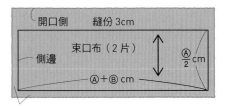

開口側　縫份 3cm

束口布（2 片）

側邊

$\frac{Ⓐ}{2}$ cm

Ⓐ+Ⓑ cm

縫份 1cm

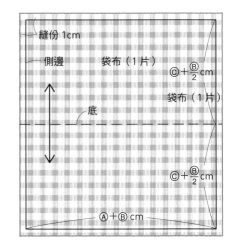

縫份 1cm

側邊　袋布（1 片）

Ⓒ+$\frac{Ⓑ}{2}$ cm

袋布（1 片）

底

Ⓒ+$\frac{Ⓑ}{2}$ cm

Ⓐ+Ⓑ cm

【準備物品】

● 包包用布：防水布（紅）

　　＜格子＞彩色格子、＜圓點＞素色

　　約 50cm×50cm

● 束口用布：棉質布料（紅）

　　＜格子＞素色、＜圓點＞圓點

　　約 50cm×50cm

● 機縫線：紅

【製作方法】

1 依照分版圖指示，在布上以消失筆描繪出袋布和束口布，並標示記號。

2 剪裁袋布的縫份外側線。

3 以相同方式剪裁 2 片束口布。

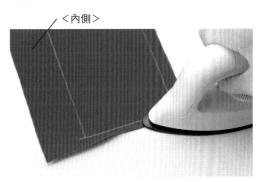

＜內側＞

4 束口布兩側的縫份做三摺收邊，並用熨斗燙平（p.22）。

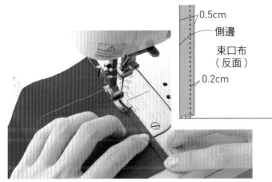

0.5cm
側邊
束口布
（反面）
0.2cm

5 車縫步驟 **4** 摺疊的布邊，車縫位置約在布邊往內 0.2cm 處。另一片布也以相同的方式處理。

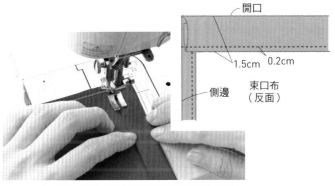

開口
1.5cm　0.2cm
側邊
束口布
（反面）

6 2 片束口布的開口同樣用熨斗做三摺收邊，車縫位置參考右上圖，做出穿繩孔。

製作方法下頁繼續。 **119**

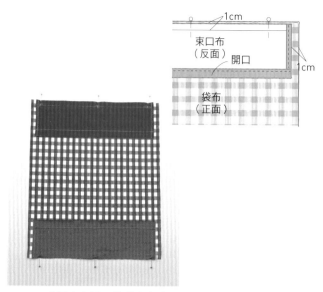

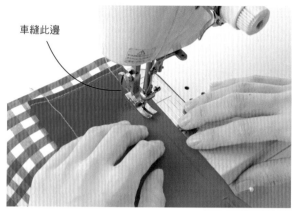

7 參照右上圖，將袋布與束口布正面朝內，疊在一起並以珠針固定。

8 沿著布邊往內側 1cm 處，車縫以珠針固定的寬邊。

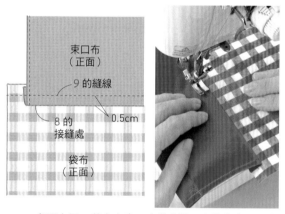

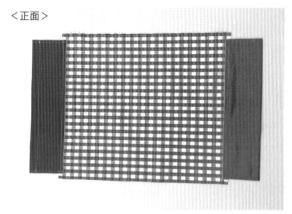

9 參照左圖，將上方束口布往上摺，車縫在步驟 **8** 的接縫處往上 0.5cm 的位置。

10 下方束口布向下摺，也以同步驟 **9** 的方式車縫。

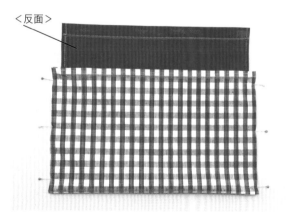

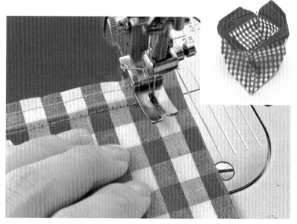

11 將車縫完的布片正面朝內對摺，以珠針固定兩側。

12 車縫袋布的兩邊。

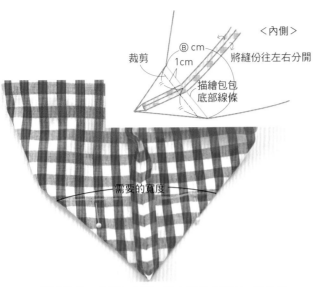

〈內側〉

裁剪

Ⓑ cm

1cm

將縫份往左右分開

描繪包包
底部線條

需要的寬度

13 攤開縫份，參照右上圖，配合便當盒寬度，用尺和
消失筆描繪出線條後，以珠針固定並開始縫製。

14 車縫底部兩側的縫份區域。

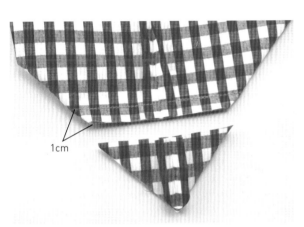

1cm

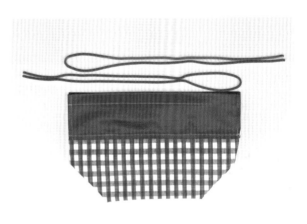

15 預留 1cm 的縫份，裁剪多餘的尖角處。由於是塑
膠材質的防水布，不需要另外處理布邊。

16 翻回正面，將兩條繩子穿過束口布的穿繩孔（參考
p.69）。

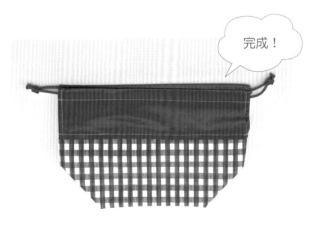

完成！

17 將繩子兩邊的尾端，各自打結固定。

18 同時拉緊兩側繩子，即可束住袋口。

每天洗碗後都會用到的擦碗布，不妨自己手縫看看。只利用平針縫（p.28）就能完成，也可以繡上自己喜歡的花紋，或簡單用直線縫縫出格紋，在顏色上稍作變化，就能呈現不同的風貌。

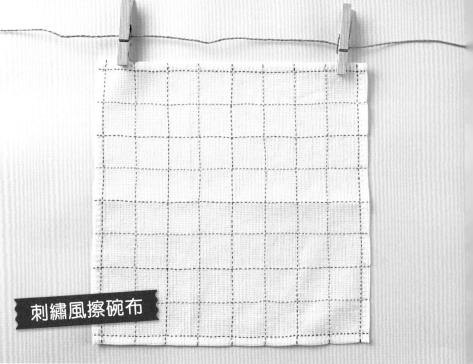

刺繡風擦碗布

刺繡風擦碗布

完成尺寸　30cm×30cm

【準備物品】

● 布：鬆餅布（白）35cm×35cm
● 手縫線：白、藍、綠＜格紋款＞、紅＜花朵款＞

【圖案】

1 在布上描繪出完成線和縫份線
2 裁布
3 以熨斗燙平縫份

3.5cm
1cm
完成線
30cm
3.5cm

4-7 以平針縫處理縫份
8 描畫圖案線條
9-11 以平針縫縫製線條

1-7 和 p.123 步驟相同
9-11 以平針縫縫製線條

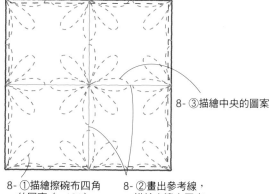

8-③描繪中央的圖案

8-①描繪擦碗布四角的圖案（p.124）

8-②畫出參考線，描繪布邊上圖案。

【製作方法】

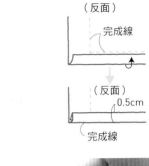

（反面）
完成線

（反面）
0.5cm
完成線

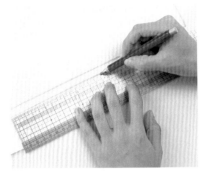

1 用消失筆在布上畫出完成線
（30cm×30cm 正方形），在
完成線往外側 1cm 的地方畫出
縫份線。

2 沿著縫份線剪下布。

3 將左右兩邊的縫份做三摺收邊
處理（p.22），縫份寬度縮減
為 0.5cm，再以熨斗燙平。

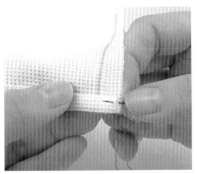

4 用白線穿針打結後，將止縫
結藏在縫份內側，以平針縫
（p.28）縫合縫份。

（反面）
白線
0.2cm
約 0.3cm
將止縫結藏在
縫份內側，並
開始縫製。

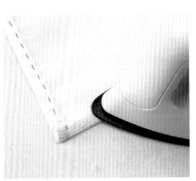

5 另外的兩邊也同步驟 **3**、**4** 做
三摺收邊、以平針縫縫合。

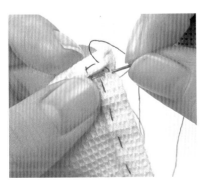

6 縫製完成後，挑起縫份上的一
小塊布並打上止縫結（p.31）。

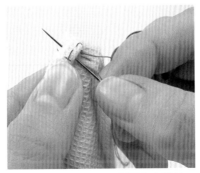

7 將針插入縫份內隱藏止縫結，
再從正面抽出縫針，剪線。

8 使用方格尺輔助，用消失筆描
繪圖案線條。

製作方法請見下頁。

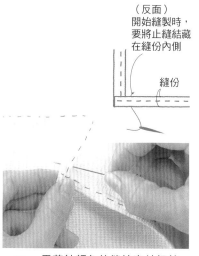

（反面）
開始縫製時，
要將止縫結藏
在縫份內側

縫份

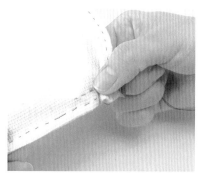

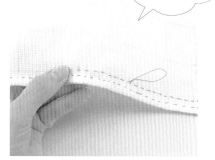

完成！

9 用花紋顏色的縫線穿針打結，從縫份內側入針藏住止縫結。

10 以 0.3cm 針距的平針縫完成描繪的花紋。

11 縫製過程中，要不斷調整布和縫線，以免線打結或縫線太鬆。

花朵擦碗布的圖案描繪方法

【製作方法】

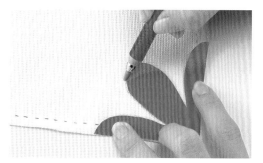

8-① 將右下的實際尺寸圖描繪到一張紙上，裁切下來並放在擦碗布的摺角處，用消失筆描線。注意紙型不可晃動、錯位。四個摺角皆以相同方式處理。

8-② 在布的中央畫出十字參考線，形成四個等大正方形。沿著參考線描繪出布邊上的圖案。畫線時紙型要對準直角。

8-③ 將紙型的直角放在中間，對準參考線直角，描繪中央的圖案。

【實際尺寸】

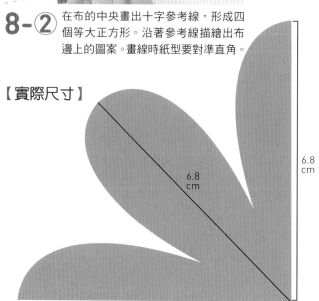

6.8 cm

6.8 cm

裁縫常用的關鍵字　筆畫索引

特別感謝

材料提供：

1. 繡線、刺繡框：
   DMC（https://www.dmc.com/）

2. 繡針、其他刺繡用具：Clover 可樂牌
   （http://www.clover.co.jp/）

3. 機縫用具：清原株式會社
   （https://www.kiyohara.co.jp/）

4. 拷克機：
   Baby Lock（https://babylock.com/）

採訪協助：

Okadaya（http://www.okadaya.co.jp/）

台灣廣廈 國際出版集團
Taiwan Mansion International Group

國家圖書館出版品預行編目資料

真正用得到！基礎縫紉書：手縫×機縫×刺繡一次學會，在家就能修改衣褲、製作托特包等風格
小物/美香，優香著；蔡姿淳，廖子甯譯.-- 初版.
-- 新北市：蘋果屋，2018.10
　面；　公分. --（玩風格系列；31）
ISBN 978-986-96485-5-4　（平裝）
1. 縫紉　2. 手工藝

426.3　　　　　　　　　　　　　　　　　　　　　107013927

蘋果屋
APPLE HOUSE

真正用得到！基礎縫紉書

手縫×機縫×刺繡一次學會，在家就能修改衣褲、製作托特包等風格小物

作　　者／美香‧優香　　　　　　　編輯中心編輯長／張秀環‧編輯／金佩瑾
翻　　譯／蔡姿淳‧廖子甯　　　　　文字校對／周宜珊
攝　　影／梅澤仁‧佐山裕子　　　　封面設計／曾詩涵‧內頁排版／菩薩蠻數位文化有限公司
造　　型／小泉未來　　　　　　　　製版‧印刷‧裝訂／東豪‧弼聖‧秉成
人物插畫／Yuzuko
製作插畫／下野彰子
原書編輯／森信千夏（主婦之友社）

行企研發中心總監／陳冠蒨　　　　線上學習中心總監／陳冠蒨
媒體公關組／陳柔彣　　　　　　　數位營運組／顏佑婷
綜合業務組／何欣穎　　　　　　　企製開發組／江季珊、張哲剛

發 行 人／江媛珍
法律顧問／第一國際法律事務所 余淑杏律師‧北辰著作權事務所 蕭雄淋律師
出　　版／台灣廣廈有聲圖書有限公司
　　　　　地址：新北市235中和區中山路二段359巷7號2樓
　　　　　電話：（886）2-2225-5777‧傳真：（886）2-2225-8052

代理印務‧全球總經銷／知遠文化事業有限公司
　　　　　地址：新北市222深坑區北深路三段155巷25號5樓
　　　　　電話：（886）2-2664-8800‧傳真：（886）2-2664-8801
郵 政 劃 撥／劃撥帳號：18836722
　　　　　劃撥戶名：知遠文化事業有限公司（※單次購書金額未達1000元，請另付70元郵資。）

■出版日期：2018年10月　　　　■初版11刷：2024年3月
ISBN：978-986-96485-5-4　　　版權所有，未經同意不得重製、轉載、翻印。

一生使えるおさいほうの基本
©DOG PAWS.2018
Originally published in Japan by Shufunotomo Co., Ltd
Translation rights arranged with Shufunotomo Co., Ltd.
Through Keio Cultural Enterprise Co., Ltd.